我的生物科普书

方瑛 编著

图书在版编目（CIP）数据

我的生物科普书 / 方瑛编著. -- 北京：企业管理
出版社, 2014.7
ISBN 978-7-5164-0890-2

Ⅰ. ①我… Ⅱ. ①方… Ⅲ. ①生物学－普及读物
Ⅳ. ①Q-49

中国版本图书馆CIP数据核字(2014)第133497号

书名：我的生物科普书
作者：方瑛
责任编辑：宋可力
书号：ISBN 978-7-5164-0890-2
出版发行：企业管理出版社
地址：北京市海淀区紫竹院南路17号　邮编：100048
网址：http://www.emph.cn
电话：编辑部（010）68701408　发行部（010）68701638
电子信箱：80147@sina.com　zbs@emph.cn
印刷：北京博艺印刷包装有限公司
经销：新华书店
规格：710mm×1000mm　1/16　6.5 印张　106千字
版次：2014年7月第1版　2014年7月第1次印刷
定价：29.90元

目 录

1. 生命的起源奥秘

不可小觑的细胞

你们知道吗

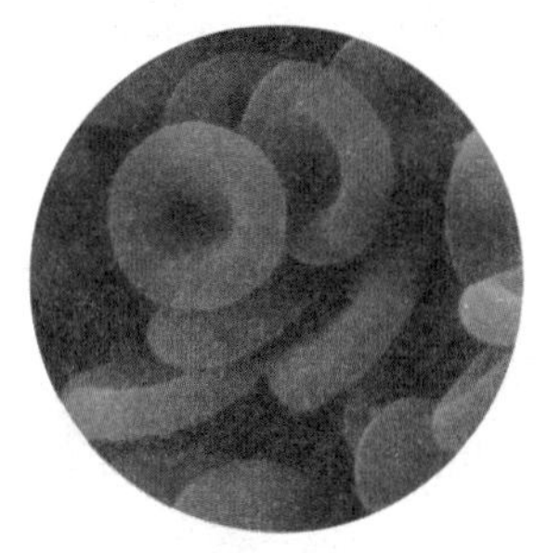

显微镜下的细胞

爸爸妈妈，你们知道吗，如果把生命比作一座“大厦”，那么，细胞就像砌成“大厦”的“砖”。细胞是生命的结构单元、功能单元和生殖单元，细胞的产生是生命史上的一次重大的飞跃。

你们知道细胞有多大本领？历史上最早观察和发现细胞的是谁呢？

由来历史

最初的生命为了保证有机体与外界正常的物质交换，在演化过程中形成了细胞膜，出现了单细胞结构的原核生物。地球上的一切细胞生物都是由单细胞进化而成为原生物，原生物先后演化出初级植物和初级动物。也就是说地球上所有的细胞生物都起源于单细胞，无论是植物还是动物，都是由单细胞不断进化而来的。

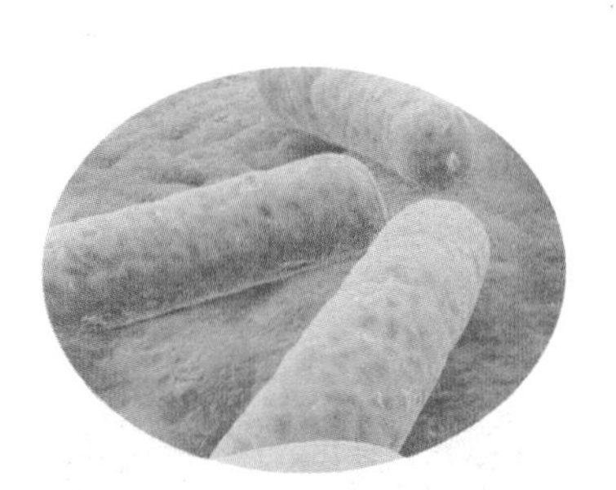

单细胞生物——细菌

从原核到真核的生物演化，是生命从简单到复杂的转折点。原核细胞没有核膜，结构简单。真核细胞具有核膜，整个细胞分化为细胞核和细胞质两部分。细胞核的出现是细胞进化的显著标志，是区分原核细胞与真核细胞的特征之一。

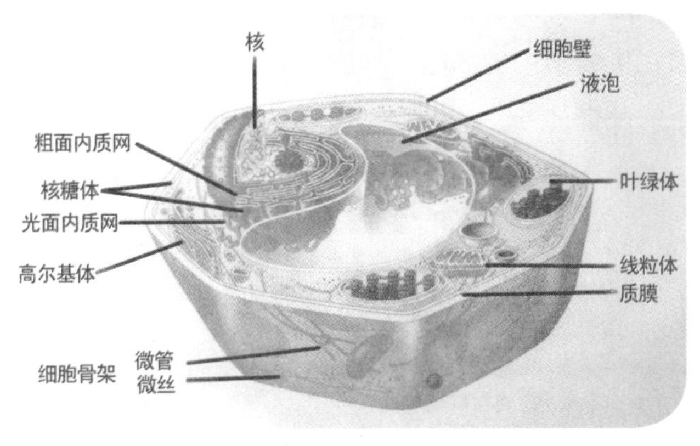

真核细胞结构

细胞以单细胞形式存在了30亿年。真核细胞出现以后，也以单细胞形式存在了几亿年，在7亿～6亿年以前并没有多细胞生命的任何迹象。

1831年，英国生物学家布朗发现并命名了细胞核。细胞核是真核细胞中最明显最重要的一个细胞器，并且是细胞中最大的细胞器。细胞核是操纵细胞生命活动的“大本营”，是“中枢神经系统”，来调控细胞生命周期活动。

英国物理学家、天文学家罗伯特·胡克（1635～1703年）创制了第一架有科学研究价值的显微镜，并利用这架显微镜做了大量观察，发现软木是由一个个蜂窝状的小空洞组成。他把所观察到的小室称之为“Cell”（细胞），历史上首次提出了细胞的概念，是人类认识生命的里程碑。1665年，他将这个结果整理成《显微图谱》一书发表。

罗伯特·胡克

毫无疑问，发现细胞的功劳要归胡克。但是，后人发现胡克观察到的还只是植物细胞壁构成的轮廓，也就是死细胞。那么，真正观察到活细胞的是谁呢？

列文·虎克

1671年，与胡克同时代的荷兰人列文·虎克（1632～1723年）用自制的高倍放大镜观察了池塘中的原生动物、人及哺乳动物的精子等完整细胞，还在鲑鱼的血细胞中看到细胞核。列文·虎克当之无愧地成为活细胞的发现者。1699年，列文·虎克因在生物学中的卓越贡献被授予巴黎科学院通讯院士的荣誉称号。

趣话故事

放大镜

1632年列文·虎克生于荷兰，6岁时父亲去世了。16岁时列文·虎克挑起了养家糊口的重担，到一家布店当学徒，后凭手艺独自开了一家布店，因不善经营，又在德尔夫特市政府做起了看门人。

由于工作比较轻松，列文·虎克时间充裕，经常可以接触各行各业的人。他偶然从一位朋友那里得知镜片可以磨制成放大镜，放大很微小的东西，使观察者可以清清楚楚地观看。这引起了列文·虎克强烈的好奇心，因价格贵买不起就决定亲手做。列文·虎克心灵手巧，磨出了当时质量最好的放大镜，又发明了显微镜。

有了显微镜后，这个看门人兴致勃勃地将能够想到的小东西一个接一个地放在镜下，观看它们的庐山真面目。显微镜下蜜蜂腿上的短毛竟然如缝衣针一样地竖立着，让人有点害怕。随后，列文·虎克又观察了蜜蜂的螫针、蚊子的长嘴和一种甲虫的腿。

这以后，列文·虎克开始自得其乐地使用他的显微镜了，只要是能弄到手的东西，他都要放在显微镜下观察一番。他观察过植物的叶片、鱼的肌肉纤维、蜜蜂的刺和人的胡须，等等。

显微镜把这些东西放大了几百倍，一根人的胡须在显微镜下就变得像一根粗大的圆木，上面凹凸不平的地方也看得清清楚楚。好奇心得到满足后，列文·虎克又开始制造更大倍数的显微镜，他想看清楚更小的物体。

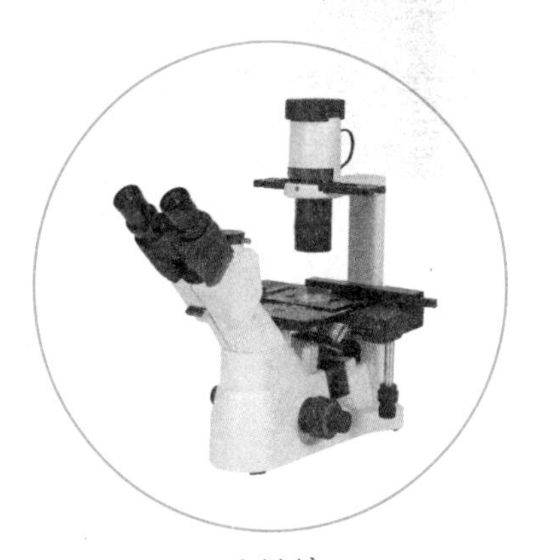
显微镜

1671年，有一天，列文·虎克从自家附近的一个池塘里取回一些水，放在显微镜下进行观察。他简直有点儿不敢相信自己的眼睛，世界上难道会有这么小的生灵。他看到大量难以相信的各种不同的、极小的“狄尔肯”（原文拉丁文Dierken的译音，意即细小活泼的物体），它们来回地转动，姿势相当优美，也向前和向一旁转动。

列文·虎克把这个得意的发现讲给了朋友格拉夫。格拉夫是一位医生兼解剖学家，还是英国皇家学会的通讯会员。格拉夫被琳琅满目的显微镜，以及显微镜下的奇妙世界震惊了。他明白这些是了不起的发明和发现，立刻鼓励列文·虎克将自己的观察记录整理出来，寄给英国皇家学会发表。在好友的劝说下，列文·虎克终于同意将自己的发明和发现公之于众。

显微镜下的蚊子

1673年的一天，英国皇家学会收到了列文·虎克寄来的观察记录，文章的名字是《列文·虎克用自制的显微镜，观察皮肤、肉类以及蜜蜂和其他虫类的若干记录》。学会的专家们是带着轻视的态度开始阅读这篇观察记录的。令他们惊奇的是，这篇文章记录的内容是从未有人深入研究的微观世界，“一个粗糙沙粒中有100万个这种小东西；而在一滴水中，‘狄尔肯’不仅能够生长良好，而且能活跃地繁殖——能够寄生大约270多万个‘狄尔肯’”。这个结论太令人难以置信了，皇家学会各位专家被惊呆了，意识到这是一项非常有价值的研究成果。经过严格地检验，实验报告得到了承认，并被译成英文发表在皇家学会的刊物上。

一时间，列文·虎克的名字传遍了欧洲。人们从四面八方来到荷兰列文·虎克的家乡，想亲眼看一看微生物的庐山真面目。甚至不可一世的俄国彼得大帝和尊贵的英国女皇也亲临德尔夫特，想从他的显微镜里看看那些神奇的小生物。皇家学会将一张装在银盒子里的华丽的会员证书寄给了看门人列文·虎克，郑重地邀请他加入学会。

1683年，牙垢成了列文·虎克关注的对象，他发现人口腔中竟然躲藏着许多“小动物”，它们像蛇一样用优美的弯曲姿势运动着。他惊叹地记录道：“在人的口腔的牙垢中生活的动物，比整个荷兰王国的居民还要多。”这就是人类第一次观察到细菌时发出的感叹。

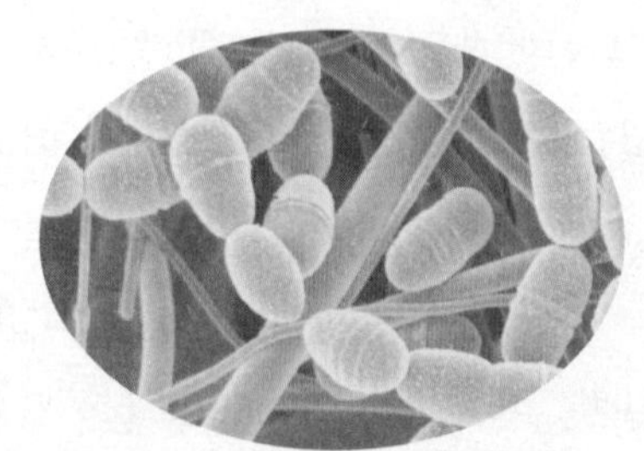

口腔里的细菌

当年，列文·虎克再次给伦敦皇家学会写信，这一次还一并寄去了他绘的图。1684年，信的摘要连同绘制的细菌图发表在《皇家学会科学研究会报》上。这是列文·虎克的发现第一次公诸于世，列文·虎克毫无疑问成了第一个看到细菌和第一个绘制细菌图的人。

列文·虎克一生中制造了491架显微镜，91岁时弥留之际，他将自己制作的部分放大镜以及精良仪器的制作秘诀，赠送给了英国皇家学会。

科学统计

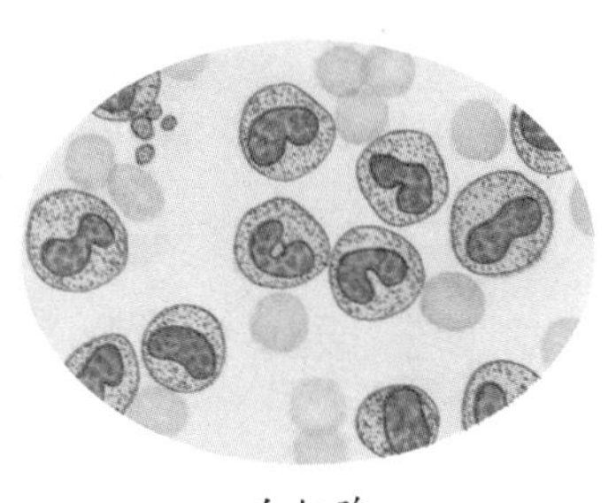
白细胞

细胞是人体的结构和功能单位。据研究，人体约有40万～60万亿个细胞，大脑细胞约有100亿个。在整个人体中，每分钟有1亿个细胞死亡。人体细胞一般每2.4年更新一代，平均直径在10～20微米之间。

最为神奇的是大脑的神经细胞的神经冲动传递速度超过400千米/小时，相当于777飞机速度的一半。

不同的细胞具有不同的作用，比如人体血液中的红细胞、白细胞、造血干细胞。

除红血球和血小板外，所有细胞都有至少一个细胞核，是调节细胞作用的中心。最大的是成熟的卵细胞，直径在0.1毫米以上；最小的是血小板，直径只有约2微米。

包含所有信息的DNA

你们知道吗

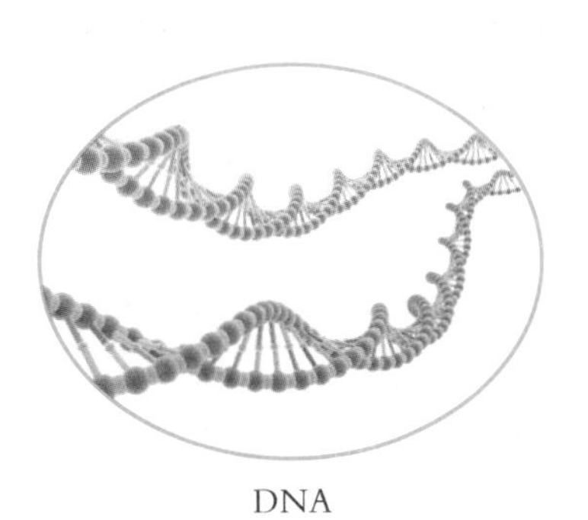
DNA

爸爸妈妈，你们知道已经为大家耳熟能详的DNA，就是脱氧核糖核酸的缩写词，这三个英文字母也会让人联想到“遗传物质”、“破案证据”、“亲子鉴定”等。

可你们知道发现、破解DNA的漫长过程吗，它的发现对生物学有怎样的推动作用呢？

由来历史

人类对于DNA的认识经过了漫长曲折的过程。1869年，DNA最早由德国生化学家米歇尔发现。

生化学家米歇尔

米歇尔在确定淋巴细胞蛋白质组成的实验中，却意外发现了一种既不溶解于水、醋酸，也不溶解于稀盐酸和食盐溶液的未知的新物质，最终证实这种物质存在于细胞核里，便将它定名为“核质”。后来，瑞典著名生化学家阿尔特曼建议将“核质”定名为“核酸”。

核酸的基本组成单位叫做“核苷酸”。生物体内的核苷酸有两大类：一类是核糖核酸（即RNA），另一类是脱氧核糖核酸（即DNA）。

现代基因组学研究发现，生物中的遗传物质大都为脱氧核糖核酸，也就是说DNA是生命的遗传物质。

DNA的基本功能有两方面：一方面是通过复制，在生物的传种接代中传递遗传信息；另一方面是在后代的个体发育中能体现出遗传信息，从而使后代表现出与亲代相似的性状。

遗传物质的一项重要特征就是能够自我复制。生物体要维持种族的延续，就必须把它们的遗传信息稳定地传给下一代，也就是说要把DNA分子稳定地传给后代，这就涉及到DNA分子的复制。

1953年，沃森和克里克发现了DNA双螺旋的结构，使生命遗传研究深入到分子层次，打开了“生命之谜”的大门，人们终于了解生命的遗传信息构成和信息传递途径。DNA双螺旋结构被发现后极大地震动了科学界，人们开始以遗传学为中心开展了大量研究。

1967年，遗传密码被全部破解，表明DNA大分子中的片段实际上就是基因，是控制生物性状的遗传物质的功能单位和结构单位。在这个单位片段上的许多核苷酸不是任意排列的，而是以有含意的密码顺序排列的。蛋白质是体现生物体性状的重要成分，而一定结构的DNA可以控制合成相应结构的蛋白质。

基因对性状的控制是通过DNA控制蛋白质的合成来实现的。

在此基础上，相继产生了基因工程、酶工程、发酵工程、蛋白质工程等，这些生物技术的发展造福于人类。

沃森博士

克里克

趣话故事

沃森是美国著名的分子生物学家，人类基因领域的开拓者。克里克是英国物理学界一位具有独到见解的科学家。科学巨匠的召唤把不同研究领域的两位知名学者紧紧地联系在一起。他们从1951年秋天相识后开始合作，并肩战斗，相得益彰。

沃森曾在印第安大学卢里亚的指导下做博士研究生，完成了一篇关于X射线对细菌病毒的致死作用的论文，1950年获得哲学博士学位。沃森受德国物理学家薛定谔《生命是什么》一书影响颇深。他在这本书的“指引”下，去“寻求基因的秘密”。他的老师卢里亚十分重视DNA的化学性质及功能的研究，并派沃森去欧洲学习生物化学。在剑桥大学的卡尔迪什实验室，沃森碰上了一个与自己性格癖好相同的人——克里克。克里

卢里亚

克早年在英国剑桥大学毕业，学习物理学和数学，后转到生物学方面来。1949年他在卡尔迪什实验室工作，完成了“多肽和蛋白质的X射线研究”的博士论文，这些研究工作为他以后解决DNA的结构有直接的影响。

1953年，沃森与克里克进行了卓有成效的合作，在汲取他人成果的基础上，运用科学的方法，终于提出了DNA分子双螺旋结构模型学说。

1953年秋，沃森离开卡尔迪什实验室到加州理工学院任高级研究员，从事遗传学研究工作。1956年，沃森在哈佛大学生物系任教，在那里创建了一个实验室。1961年至1962年，克里克和他的同事们一起在英国剑桥MRC分子生物学实验室进行对细菌和噬菌体遗传学和生物化学的研究。至20世纪60年代末，64种遗传密码的含意已全部被测出。从20世纪90年代开始，他们与各国科学家通力合作，计划用10～15年时间完成人类全部基因组的定位和排序。

科学统计

DNA是人身体内细胞的原子物质。每个原子有46个染色体，另外，男性的精子细胞和女性的卵子各有23个染色体，当精子和卵子结合的时候，这46个原子染色体就制造一个生命。因此，每人从生父处继承一半的分子物质，而另一半则从生母处获得。

你们知道吗

爸爸妈妈，我们已经知道了人类是采用有性繁殖方式的，自然界的生物大多是采用胎生、卵生、卵胎生。

那么，你们知道哪些生物采用无性繁殖方式？为什么高级生物都选择采用有性繁殖吗？

由来历史

无论是动物还是植物，有性繁殖是一种最普遍的繁殖方式。

生物在孕育过程中慢慢进化出了性别。大多数物种都只有雌性和雄性两种性别。生物的繁殖方式有三种：胎生、卵生、卵胎生。

① 胎生

胎生是生命的卵在体内受精、体内发育的一种生殖形式。受精卵虽在母体内发育成新个体，但胚体与母体在结构及生理功能的关系并不密切。胚胎发育所需营养主要靠吸收卵自身的卵黄，胚体也可与母体输卵管进行一些物质交换。这是生命对不良环境的长期适应形成的繁殖方式，实际母体对胚胎主要起保护和孵化作用。

不过鱼类也有通过其他方式靠母体营养而发育的，也是一种真正的胎生形式。例如，海鲫类是在卵巢内进行受精、发育、孵化，仔鱼在卵巢腔中经过体上皮和鳃孔摄取卵巢组织所供给的营养。此外，胎生生命的受精卵一般都很微小。在母体的输卵管上端完成受精后，发育成早期胚，进入母体的子宫内壁，借助胎盘和母体的联系，吸收母体血液中的养分及氧气，二氧化碳及废物通过母体血液排除。等到胎儿发育成熟，幼体从子宫排出体外，形成一个独立的新生命。

海豹也是哺乳动物

蝙蝠、海豹、海狗、海豚、狒狒、穿山甲、狐獴、食蚁兽、海獭、人类等都是胎生哺乳动物。

② 卵生

“卵生生命”是用产卵方式繁殖的生命。卵生生命产下卵或蛋后，经过孵

蝴蝶是卵生动物

化变成生命，卵本身提供营养。一般的鸟类、爬虫类和大部分的鱼类和昆虫，如鸡、鸭、鱼、青蛙、乌龟、蝴蝶等几乎都是卵生生命；而哺乳类生命中，鸭嘴兽、针鼹是卵生。

③ 卵胎生

这种方式是介于卵生和胎生之间，是生命的受精卵在母体内发育成新的个体后才产出母体。

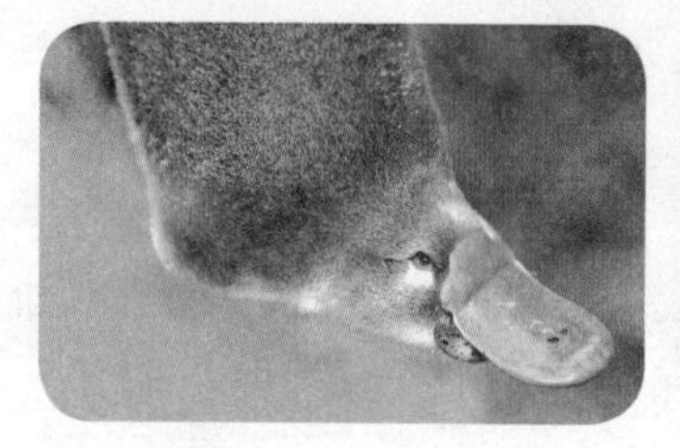
鸭嘴兽是卵生哺乳动物

海鲫鱼

发育时所需营养是依靠卵自身所贮存的卵黄，与母体没有物质交换关系，或只在胚胎发育的后期才与母体进行气体交换以及少量营养的联系。鲨类和鳐类开始发育时是依靠卵黄营养，但待卵黄耗尽便通过卵黄囊与输卵管下部的所谓子宫（内壁生有许多绒毛）发生联系，接受来自母体的营养，表现出与哺乳类真正胎生相似的状态。此外，在体内受精方面，有的在产卵前已于母体内进行了一定程度的发育（如鸟类），也可称为广义的卵胎生。

锥齿鲨、星鲨、某些毒蛇（如蝮蛇、海蛇）、胎生蜥、铜石龙蜥、田螺和一些鱼类都是卵胎生。

现今，数百万种动植物中绝大多数都选择采用两性（有性和无性生殖相结合方式）生殖，究竟有什么好处呢？实际上，许多生物不需要雄性和雌性，照样可以代代相传。比如，在澳大利亚昆士兰州的一种蜥蜴，种群中没有发现过一个雄性，雌性不需要精子受精，卵就能在预定的时间分裂，长成一只小蜥蜴。所有以这种方式产生的蜥蜴都是雌性。

卵胎生的蝮蛇

细菌也是通过最简单的方式自我复制——1个变成两个，两个变成4个，依此类推。通过无

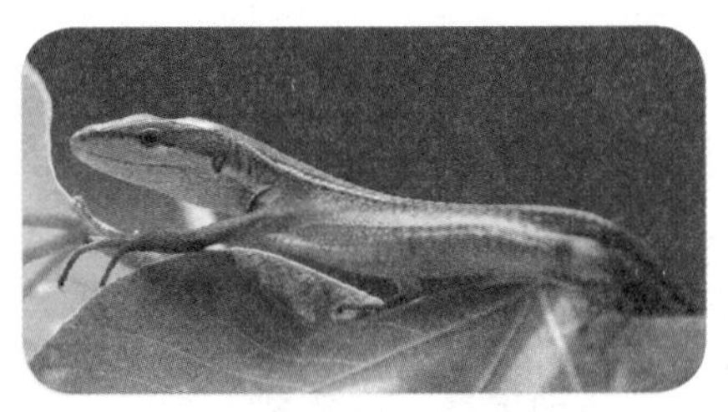
有的蜥蜴可以单性繁殖

性繁殖而产生的个体都是完全相同的“复制品”。到目前为止，已经发现单性繁殖的方式存在于脊椎动物世界里的七十多个物种，它可以将未受精的卵发展成熟，其中包括蛇和蜥蜴。

至今还有数千种生物采用无性生殖。在只有两种性别且雌雄异体的生物中，雄性要繁殖后代就必须要与同种雌性进行交配。雄性要花费大量的时间、精力去寻找和讨好配偶，或因为求偶而常常争斗到伤痕累累，甚至有生命危险。

生物产生雌雄分离后，有一些还保持着原始繁殖的迹象。比如，有些鱼的性别是不定的，随着环境的变化而变化性别。红海中生活的红鲷鱼以20条左右为一群，其中，只有一条雄鱼，其余的全都是雌鱼。一旦这条雄鱼死去，在剩余的雌鱼中，身体最强壮的一尾便发生体态变化，鳍逐渐变小，体色变艳，内部器官也随之发生变化，成为彻头彻尾的雄鱼。

据媒体报道，在英国伦敦切斯特生命园里，一头科摩多龙（巨蜥）的8个幼龙都是没有经过交配，而是通过无性受孕产卵繁殖出来的。这种繁殖能力对于人类来说，如何应对将是一个生存难题。

科摩多龙

趣话故事

年轻时的斯特拉·瓦尔什

1896年，现代奥运圣火第一次在希腊的雅典点燃。在这以后，奥运会的赛场上，许多优秀运动员创造和打破了无数次的奥运纪录，涌现了一大批被载入奥运史册的体育明星。

1932年，第十届洛杉矶奥运会召开，成为奥运史上一届 “创纪录的奥运会”。其中，美籍波兰运动员斯特拉·瓦尔什，以11 分9秒获女子100米决赛金牌，开始了她辉煌的运动生涯。此后的七八年间，她获得了约5000枚的各类奖牌。近半个世纪来，她的周围一直笼罩着神秘的色彩。1980年12月4日，时年69岁的斯特拉·瓦尔什被人暗杀，尸体检查发现她竟是一名男性。世人被震惊了，有种被愚弄、欺骗的感觉。此后，奥运史上又接二连三地出现男扮女装的“假女人”，奥林匹克运动的真实性被蒙上了阴影。于是，奥委会决定，从1968年墨西哥城夏季奥运会和1972年冬季奥运会起，对女运动员进行性别检查，以剔除企图蒙混世人的骗子。

科学统计

全世界的蛇类爬行动物大约有2500多种，其中有600多种为卵胎生。例如，斑海蛇、青环海蛇、扁尾蛇、水蛇、水赤链、长吻海蛇等都是卵胎生。蛇类中眼镜蛇不是卵胎生，但生活于南非的长约12米的眼镜蛇是唯一一种卵胎生眼镜蛇，一次产仔一般多达60多条。

长吻海蛇

人类是从哪里来的

你们知道吗

爸爸妈妈，你们也许听过亚当、夏娃繁衍人类，女娲、伏羲造人的故事；你们也许想了解人类是从哪里来的问题；也许你们已经知道人类是从类人猿进化而来的。

可你们知道人类祖先发源地究竟在哪里吗?

由来历史

自从达尔文创立生物进化论后，多数人相信人类是生物进化的产物。多数古人类学家认为：真人是以制造工具为标志，真人出现以前的人类祖先，科学家们称之为“前人”。直立是前人从人猿共祖主干上分离的形态学标志。真人不断演化发展，最后成为现代人，同时形成现代不同的人种，这个进化过程完成的地区便是人类演化最后的摇篮。

关于人类祖先的起源除了流传千古的神话故事外，曾有不符合科学的多元、多祖论，目前很多以科学研究为依据的观点结论，主要有进化说、次元说、生命说、能量说、基因说、细胞说、外星说、海洋说、动物说、人是太空人的后代、海陆双祖复合说等，比较富于想象力的观点认为外星人与古代森林猿的结合，甚至有学者推测人类是被制造出来的。

达尔文

现代人的祖先是约1万~6万年的晚期智人，在5万~6万年前到达澳大利亚，3万年前到达亚洲，这是人类第三次走出非洲。生活在中国境内的有山顶洞人、河套人、柳江人、麒麟山人、峙峪人等母系氏族社会人类。旧石器晚期世界蕴育形成黄、白、黑、棕四大人种。那么，还有一个问题是：人类作为一个生物物种，祖先只能有一个。从古到今，人类从人猿主干上分离，究竟发生在哪一地区？一个多世纪以来，人类起源于非洲还是亚洲，一直是古人类学家争论不休的话题。

自1924年在非洲找到首个幼年南猿头骨以来，在非洲发现的一系列人类化石构成了一个相当完整的体系。

1967年，埃塞俄比亚出土了三具智人骨骼化石，其年代可以追溯到距今16万年前，保存较完整，而且生存年代明确。

1974年，古人类学家唐纳德·约翰逊、伊夫·科本斯和蒂姆·怀特在埃塞俄比亚的阿法尔凹地发现一具南方古猿露西化石，完整性高达40%。经过推算，这是一位生活在320万年前的青年女性，重约36千克，身高在1.3米左右。她被认定为是人类最早的祖先——“人类的祖母”。

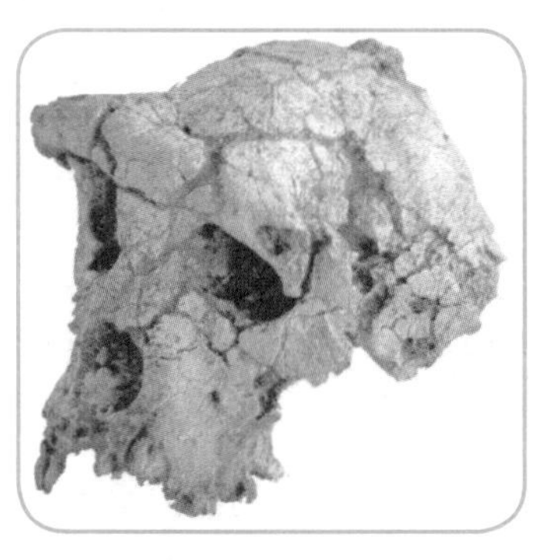

远古人类的化石

而相比之下，亚洲出土的化石很难与之相比，现在大部分古人类学家因此认为人类起源于非洲的可能性较大。现代人“非洲起源说”认为：现代人最早起源于非洲，大约13万年前走出非洲，扩散到亚洲、欧洲等地，并取代了当地的原住民后繁衍形成现代人类。

2003年6月，田园洞洞穴地层中出土了人类现代智人的遗骸。2007年4月，中外科学家测定田园洞人类化石是距今大约4万年早期现代人化石。这是迄今在欧亚大陆东部所测出的最早的现代人类遗骸。

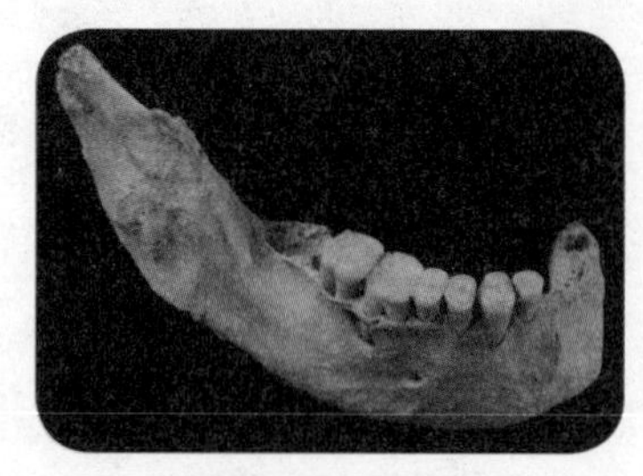
田园洞人类化石

中国目前发现的古人类化石，从200万年前到1万多年前都没有间断过，说明从原始人类到现代人类是连续演化的。

趣话故事

关于人类起源，各国都有经典神话故事。

中国有盘古开天、女娲造人的神话，国外有挪威巨人始祖之死创造万物的神话，远古波斯信仰拜火教的神话，巴比伦魔力女神死后造就天与地的神话，远古埃及阿图姆神灵，古代墨西哥血腥的阿兹特克族的神话，印度宇宙论与梵天的神话。

埃及壁画中的阿图姆

我们这里讲的是公元前8世纪希腊诗人赫西奥德所记述的神话史诗——天神之争。

原始宇宙的混沌状态起始于最早的神灵，包括大地女神盖亚，盖亚创造了最早的至上之神优利纳斯。他是天的化身，是大地女神的儿子和配偶。优利纳斯掌管天空，并保护盖亚，他与盖亚生育了许多天神和怪物，其中包括长着50个头和100只手的赫卡同刻伊瑞斯，眼睛有车轴大小的独眼巨人。盖亚与优利纳斯共生育了6个儿子和6个女儿。优利纳斯非常不喜欢几个相貌怪异的儿女，便将他们监禁在地狱底下塔尔塔罗斯暗无天日的深渊中。对此，大地女神盖亚非常愤怒，便将一个巨大的镰刀给了自己最年轻的儿子克罗诺斯，并告诉他相应的谋杀优利纳斯的计划。

当优利纳斯接近盖亚试图亲热时，最年轻的儿子克罗诺斯突然冲出来将优利纳斯的生殖器割下，血液流在地上就形成了巨人族怪物和复仇女神。

科学统计

恐龙灭绝于6500万年前

约6500万年前，陨石撞击地球造成巨大灾难，2/3的动物物种消亡灭绝，以恐龙为代表的爬行动物时代结束，逃过劫难的原始哺乳类动物经过漫长岁月存活下来，得到迅速进化。

约5000多万年前，灵长类动物呈辐射状快速演化，从狐猴、眼镜猴等低等灵长类动物原猴类中又分化出猿猴类，如猕猴、金丝猴、狒狒与猿等高等灵长类动物。

3300万～2400万年前产生了猿类。

在约1000万年前到约300多万年前，出现了腊玛古猿、南方古猿，南方古猿被称为“正在形成中的人”。

眼镜猴

约150万～250万年前，非洲东岸出现南方古猿的其中一支进化成能人，能人是懂得制造工具的人，是最早的人属动物。约100万年前的冰河时期，直立人不得不走出非洲，向世界各地迁徙扩张，形成海德堡人、瓜哇猿人、北京猿人。

约20万～200万年前，在非洲出现直立人（晚期猿人），懂得用火，开始使用符号与基本的语言，能够使用更精致的工具。

约3万～25万年前，非洲出现早期智人，人类第二次走出非洲，向欧亚非各低中纬度区扩张。旧石器中期时代的大荔人、马坝人、丁村人、许家窑人、尼安德特人都处于同期。

孟德尔的发现：遗传

你们知道吗

爸爸妈妈，你们在我小时候是不是常常会问：孩子长得像谁呢？这个话题是与生物遗传有关的。那么，人类是如何发现遗传规律的呢？究竟是什么神秘物质把遗传信息传给了下一代的呢？

由来历史

生物通过不同的生殖方式，保证生命在世代间的延续，这就是遗传。早在远古时代，人类就在思索生命的本质。

19世纪，奥地利牧师孟德尔通过豌豆杂交试验，开创性地提出了生物性状由“遗传因子”决定，孟德尔定理使人们首次对生命本质有了理性认识。

孟德尔（1822～1884年）出生在奥地利，自幼聪颖过人。他渴望学习，忍饥挨饿完成学业。孟德尔毕业后做了一名修道院的修道士，被任命为神父。修道院院长纳普赏识孟德尔的超群天赋和热心研究自然科学的精神，于是，培养孟德尔走上研究自然科学的道路，资助孟德尔到维也纳大学继续深造。

孟德尔

孟德尔在大学学习期间，受到两位科学家的深远影响。他从植物生理学家翁格尔那里领会到了植物学和阐明遗传法则的重要性，从物理学家多普勒那里学习到了数学的统计方法。

1853年，孟德尔回到修道院，利用带回的豌豆种子开始了长达8年的豌豆杂交试验，于1866年发表了论文《植物的杂交试验》，揭示了生物性状的分离和自由组合的遗传规律，以后称为“孟德尔定律”。这个重大发现与这篇论文没有受到学术界的重视，一直默默无闻地躺在许多国家的图书馆里。

孟德尔在有生之年，坚信自己的遗传理论终有一天会得到公认。

1900年，荷兰学者德弗里斯、德国的科伦斯和奥地利的丘马克在各自的豌豆杂交试验中分别予以证实，从而揭开了现代遗传学的帷幕。孟德尔被誉为遗传学创始人。1994年1月6日是孟德尔逝世110周年，全世界的生物学家都缅怀和讴歌这位伟大学者对遗传学乃至整个生物科学所做出的不朽贡献。

现代遗传学家认为，基因是DNA分子上具有遗传效应的特定核苷酸序列的总称，是具有遗传效应的DNA分子片段。基因位于染色体上，并在染色体上呈线性排列。基因的功能不仅可以通过复制把遗传信息传递给下一代，还可以使遗传信息得到表达。不同人种之间头发、肤色、眼睛和鼻子等的不同，就是基因差异所致。

孟德尔的试验品——豌豆

1986年，著名生物学家、诺贝尔奖获得者雷纳托·杜尔贝科在《科学》杂志上率先提出“人类基因组计划”，这引起学术界巨大反响和热烈争论，经两次会议研究后，1988年美国国会批准由国立卫生研究院和能源署负责执行。1990年10月，美国政府决定出资30亿美元正式启动“人类基因组计划”。这是一项全球性的大型科学研究项目，对生命科学的发展具有巨大的理论价值和实用价值。基因组学作为一门新兴学科也应运而生。此后成立了国际性组织——人类基因组组织，并由它组织国际性的合作研究。

1992年，法国研究组首先绘制出21号染色体长臂的重叠酵母人工染色体克隆，引起了科学界的轰动。1992年，第一次南北人类基因组会议在巴西召开，发展中国家也参与了这项研究。

人类基因组计划就是“解读”人的基因组上的所有基因，目的在于阐明人类基因组30亿个碱基对的序列，发现所有人类基因并搞清其在染色体上的位置，破译人类全部遗传信息，从而最终弄清楚每种基因制造的蛋白质及其作用，使人类第一次在分子水平上全面地认识自我。人类基因组计划被称为生命科学的“登月计划”，但它对人类自身的影响将远远超过当年针对月球的登月计划。

1993年，我国正式组织人类基因组研究，标志着正式参与了这一世界性宏伟的科学研究工程。1999年7月，我国在国际人类基因组注册，承担了其中1%的测序工作，即第3号染色体3000万个碱基的测序，简称“1%项目”。

2000年6月26日，参与完成人类基因组计划的美、英、德、法、日和中国6个国家16个基因中心同时宣布人类基因组“草图”(工作框架图)完成。2001年2月12日，人类基因组DNA全序列数据被正式公布。2001年2月15日，英国《自然》杂志发表由多国合作小组的测序结果；2001年2月16日，在美国《科学》杂志上发表了Celera公司的测序结果。整个人类基因组的完成图于2003年4月绘制完毕。

随着工程浩大的人类基因组计划，斯芬克斯的狮身人面像初战告捷，人们所面临的问题是如何理解这些新发现基因的功能以及基因调控是如何进行的。

2002年5月，英国、加拿大和美国科学家共同合作完成了98%的小鼠基因组绘图工作；大鼠基因组测序也已经完成。由于鼠和人类的基因有99%为同源基因，科学家通过以鼠为动物模型研究心脑血管、肿瘤等人类疾病取得了一系列科研成果。另一方面，为了获取人类基因组的遗传信息，阐明包含在23对染色体及线粒体上30亿个碱基对序列，发现染色体上所有基因并明确其物理定位，以便在基因水平认识人类自身。

狮身人面像

趣话故事

在古希腊神话中，有种种描述奇异动物的传说，如狮身人面像的斯芬克斯，具有羊头、狮身、蛇尾的怪物等。在中国十二生肖中的龙的形象也是集蛇、麒麟于一身。这些由不同种类动物拼凑而成的丰富想象是古代人改造自然的一种愿望。这种由不同种类动物合成的新品种动物叫做动物嵌合体。在科学家不懈努力下，这种愿望正一步步地接近现实。

嵌合体动物的各种组织器官结构由不同基因型的细胞群组成。它们的生殖器官能够产生两种生殖细胞，繁殖的后代也会有两种类型。

1965年，世界上第一个嵌合体小鼠培育成功。1987年，我国成功培养的嵌合体小兔是把浑身灰色的青紫蓝兔的胚胎细胞取出来，引进到浑身白色的新西兰白兔的胚胎里去，然后再把这种组合胚胎送到一只当养母的母兔子宫里，让这些组织胚胎长成小兔，结果得到了三只身上有灰色斑块的嵌合体小白兔。

目前，制造哺乳动物嵌合体的方法有两种，一种为聚集法，适用于同种、发育同步的胚胎；另一种为胚泡注射法，可用于种间、处于不同发育阶段的胚胎。

这种技术把不同品种动物的胚胎凑在一起，组成新品种胚胎，从而培育出新品种动物来，这有可能发展成为一种前途广阔的育种技术。

科学家们正在把嵌合体技术过渡到家畜动物身上，以便按人们的意愿创造出新的优良动物品种。

传说中龙的形像

科学统计

我们已经知道，人类基因组由23条染色体，约30亿对核苷酸构成。在我们人类存放基因的所有23对染色体中，21号染色体因多出一条时会导致唐氏综合症而被研究得最为细致。21号染色体的DNA序列草图确认了已知的127个基因，并据测还有98个未知基因存在。最后，研究人员共在21号染色体上检测出163个已知基因，发现了19个新基因。

2000年，研究人员估计人类基因组的基因数很可能超过100000个；2001年以来，该数字被降到4.4万个；2004年，研究认为人类的基因数量只有2万～2.5万个。

身体发肤，受之父母：肤色的奥秘

你们知道吗

爸爸妈妈，你们一定明白“种瓜得瓜，种豆得豆”这句话的意思吧。生物具有遗传现象是不可否认的科学事实。

那么，你们知道人为什么会有不同的肤色？ 肤色对人类生育后代有什么意义？肤色中蕴含着怎样的人类进化史吗？

由来历史

皮肤的色泽一般来说是由遗传基因所决定的。在灵长类动物中，只有人类的皮肤大部分裸露且呈不同的颜色。

肤色是人类适应生存环境的结果，肤色的变化是对不同环境下日照的适应。人类肤色常见黑、红、黄、白四种。

肤色变化与紫外线有着密切关系，而人类繁衍需要两种关键物质：维生素D和叶酸，它们对紫外线有截然不同的反应。人体能通过紫外线照射引发的光化学反应合成维生素D。人体不能合成叶酸，而是从食物中摄取，但在紫外线照射下就迅速分解。为此，人体必须能够同时满足两种不同需要。为最大限度地保护叶酸不被分解，同时合成足够的维生素D，每一个人群的肤色都因所处环境的紫外线强度而不同。

生活在300万年前的人类祖先原本也是黑色外表，随着脑容量的不断增大，以及捕猎方式的多样化，生活在热带的人类祖先需要一种能有效散发热量、降低体温的方式，于是，体毛逐渐褪去，汗腺更加发达。人类的皮肤便暴露在强烈的阳光下，让体内的叶酸分解。这样巨大的生存压力让人类的肤色变黑，并在上万年的时间里代代相传。黑皮肤的出现是人类进化史上最重要的一步。

欧洲人至少起源于1.5万年前，迅速遍布欧亚大陆。澳大利亚原住民同样起源于非洲的黑人，在迁徙到亚洲的过程中肤色逐渐变浅，而到达澳大利亚后又变成黑色或深棕色。

可见，肤色中不但隐藏着地理信息，也记载着人类的历史，也就是人类征服世界的漫长历史。

人类活动已经很大程度上摆脱了环境的限制。衣服、防晒用品可以遮挡紫外线，生物制药工厂可以合成生产叶酸。

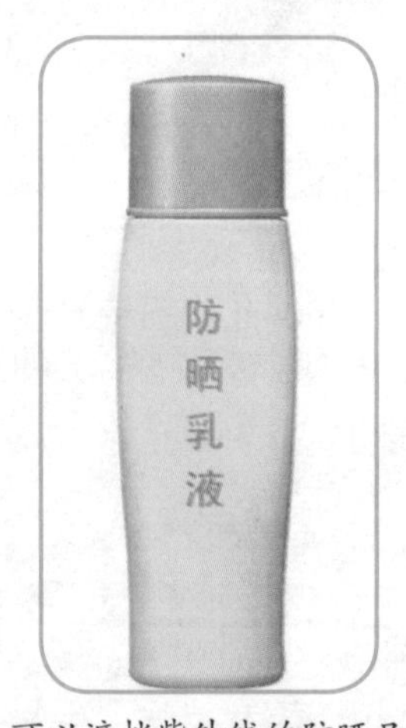

可以遮挡紫外线的防晒品

趣话故事

基因技术让环境不再是肤色的决定因素，那么下一步是什么？人们要随心所欲地改变肤色吗?

美国科学家在研究斑马鱼时发现突变之后变白的基因。这种斑马鱼的基因和人类有87%的相似性，而且，它们的黑白条纹是来自皮肤，而不是斑马那种黑白毛色。

科学家在一直用斑马鱼研究癌症的过程中，却发现了斑马鱼没有条纹的白色变种，说明它们身上的肤色基因不能正常工作。这种斑马鱼的色素细胞比正常的斑马鱼小，而且数量也少，人类白化病患者的色素细胞也是如此。科学家因此推测，控制人和鱼肤色的是同一个基因。科学家尝试让白化斑马鱼带上人类的肤色基因，以便长出黑色的条纹来。

斑马鱼

他们选用的欧洲人基因控制着斑马鱼和欧洲人体内的黑色素数量。

只要遗传信息的一个编码发生变异，就可以让人由黑变白。

科学统计

含叶酸的食物很多，但由于叶酸遇光、遇热不稳定而失去活性，所以，人体真正能从食物中获得的叶酸并不多。例如，蔬菜贮藏2～3天后叶酸损失50%～70%；煲汤等烹饪方法使叶酸损失50%～95%；盐水浸泡过的蔬菜，叶酸的成分损失也会很大。

达尔文与《进化论》

你们知道吗

爸爸妈妈，你们知道地球生命已经有漫长的30多亿年历史了。生命从细胞到藻类再到种类繁多的植物，还有从天空到陆地再到海底千奇百怪的动物。

那么，你们知道这些形形色色的生物从出生到灭亡，从低等到高等，究竟是何种神奇的力量推动着它们的进化发展吗？

由来历史

1859年，英国伟大的科学家、博物学家、进化论的奠基人达尔文发表了《物种起源》，首次提出了进化论的观点，《物种起源》成为19世纪最具争议

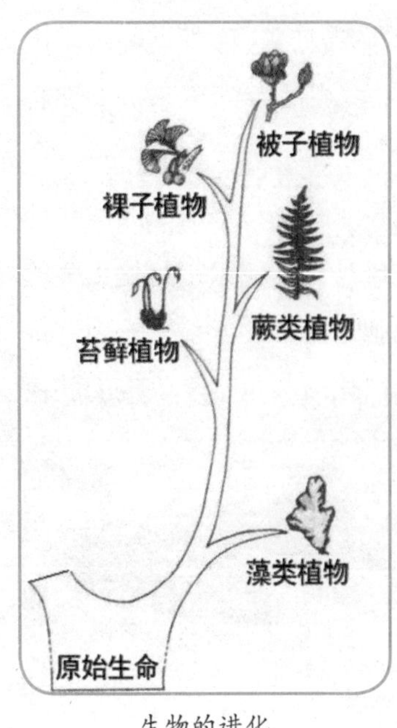

生物的进化

的著作之一。达尔文指出现存的各种各样的生物是由其共同祖先经自然选择的进化而来；提出“生存竞争”的理论，在自然选择下“适者生存，不适者淘汰”。

例如，1850年前英国的桦尺蛾都是灰色类型。19世纪后半叶，随着工业化的发展，废气中的物质杀死了树皮上的灰色地衣，煤烟又把树干熏成黑色。结果，原先歇息在地衣上得到保护的灰色类型，这时在黑色树干上却易被鸟类捕食；而黑色突变体类型则因煤烟的掩护，才免遭鸟类捕食从而得到生存和发展。到19世纪末，黑色类型已由不到1%上升为90%以上；灰色类型则从90%下降为不到5%。

达尔文认为，任何一种生物在生活过程中都必须为生存而斗争。这种斗争包括生物种内与生存环境斗争，生物种内斗争是为食物、配偶和栖息地等的斗争，以及生物种间的斗争。生存斗争中能够获胜并生存下去，要通过遗传和变异来做到。

遗传和变异是一切生物都具有的特性。在生物因环境条件改变而产生的各种变异中，适应下来的能够遗传。

桦尺蛾

达尔文认为，自然选择过程是一个长期的、缓慢的、连续的过程。

事实上，现代科学认为丰富多彩的生命世界，其进化的形式是多彩多姿的，形成生命进化的途径也是多种多样的。不仅有达尔文提出的渐进，还有跃进；不仅有达尔文提出的渐灭，还有绝灭。而且，生物间不仅存在生存竞争关系，还存在协同生存、共同进化的关系。

趣话故事

儿时的达尔文就开始对自然产生了好奇。有一次，他与妈妈一起到花园里修整小树。妈妈说：“泥土是个宝，小树有了它才能生长。可别小看这泥土，它能长出青草，喂肥牛羊，我们就有奶喝有肉吃；它还能长出小麦和棉花，让我们有饭吃有衣穿。你说，泥土是不是很宝贵啊？”

达尔文问:“妈妈，那泥土能不能长出小狗来？”

“不能呀！”妈妈笑着说，“小狗是狗妈妈生的，不是泥土里长出来的。”

达尔文又问:“我是妈妈生的，妈妈是姥姥生的，对吗？”

“对呀！所有的孩子都是自己的妈妈生出的。”

棉花

“那最早的妈妈又是谁生的？”

“是上帝！”

“那上帝是谁生的呢？”

妈妈答不上来，对达尔文说:“孩子，对我们来说，世界上还有很多事情都是谜，等你像小树那样长大，去解开这些谜的答案吧。”

科学统计

自从6亿年前多细胞生物在地球上诞生以来，物种大灭绝现象已经发生过5次了。

地球第一次物种大灭绝发生在距今4．4亿年前的奥陶纪末期，大约有85%的物种灭绝。第二次物种大灭绝发生在距今约3．65亿年前的泥盆纪后期，海洋生物遭到重创。第三次物种大灭绝发生在距今约2．5亿年前二叠纪末期，是地球史上最大最严重的一次，估计地球上有96%的物种灭绝，其中90%的海洋生物和70%的陆地脊椎动物灭绝。第四次物种大灭绝发生在1．85亿年前，80%的爬行动物灭绝了。第五次发生在6500万年前的白垩纪，统治地球达1．6亿年的恐龙灭绝了。

研究发现，没有人类的干扰，2亿年中，平均大约每100年有90种脊椎动物灭绝，平均每27年有一个高等植物灭绝；人类的干扰使鸟类和哺乳类动物灭绝的速度提高了100～1000倍。

白鹤

目前，全世界每天有75个物种灭绝，每小时有3个物种灭绝。生物学家预测，如果物种以这样的速度减少，到2050年，将会有1/4 ~ 1/2的物种灭绝或濒临灭绝。

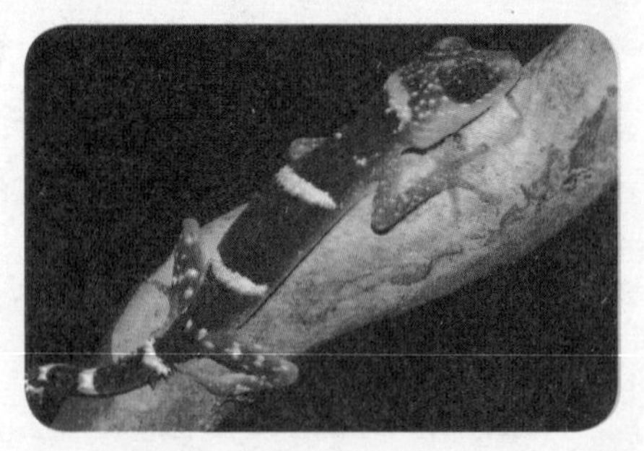

濒危的马达加斯加本土壁虎

2. 植物的结构

长寿又短命的种子

你们知道吗

爸爸妈妈，说起种子，我们身边的水果、蔬菜、花卉的种子再熟悉不过了，种子的力量很大，生命力很顽强。

可你们知道寿命最长的种子以及种子都有哪些奇特的传播方式吗?

由来历史

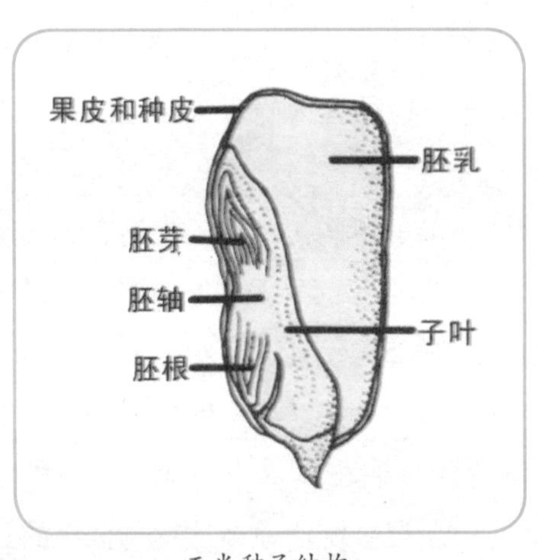

玉米种子结构

世界上各种各样的植物一般是由小小的种子发育而成。种子的萌发需要水分、空气和适宜的温度。在合适的外界条件下，细胞发生分裂，胚发育成胚芽和胚根，利用胚乳提供的营养，幼苗破土而出，而且在三叶期前一直吸取胚乳中分解的养料生存，之后形成茎、枝、叶和根，组成了植株。后来不断从空气中吸收二氧化碳，从土壤中吸收水和13种植物必需的矿质养分，生长壮大。到了一定年龄，就从营养生长阶段向生殖生长阶段过渡，开花、结果、成熟、衰老、死亡，留下种子进行新的一轮生命过程。

种子的颜色也包含了很多种，约有一半是黑色和棕色。

种子有圆有扁，有长方形、三角形或多角形。大多数种子表面光滑，也有表面凹凸不平的，还有长着绒毛和“翅膀”的，像个小昆虫。

种子表面有的光滑发亮，也有的暗淡或粗糙，有的种子还具有翅、冠毛、刺、芒和毛等附属物，这些都有助于种子的传播。

有的种子萌发迅速，几乎是落地生根。

各类植物种子的寿命有很大差异，与遗传特性、发育和环境因素的影响有关。一般来说，种子的寿命从几个星期到数百年不等，常见的植物种子的寿命也只有2～5年。如巴西橡胶的种子生命仅一周左右，寿命最短的是生活在沙漠里的梭工种子，仅能活几个小时，但生命力却很强，只要得到一点水两三小时内就会生根发芽。

在我国辽东半岛挖出的古莲子已有1000多岁，剥去坚如磐石的种皮，古莲子居然又能生根、发芽甚至开花。1952年，我国科学工作者在辽宁省大连市东郊的泡子村，从约4平方千米的古莲生长地深约1～2米的泥炭土层中，挖出了一些古莲子。经过碳14（碳的一种同位素）和孢粉研究测定，其寿命大约在330～1250年之间，是我国寿命最长的种子。

蒲公英的种子

1967年，在北美育肯河中心地区的旅鼠洞中，发现了深埋在冻土层里的20多粒北极羽扁豆种子。经碳14同位素测定，它们的寿命至少有1万年。

趣话故事

种子还有很多适合传播的结构，为种族延续创造了条件。

黑板树

昭和草

车前草

羊蹄甲

① 利用风力来传播

有些种子或果子会长毛，风一吹就会飘到较远的地方，例如蒲公英、黑板树、昭和草等。

② 利用动物来传播

若走在草丛中，会有许多植物的种子或果实粘在衣服或裤子上，或粘在其他动物的身上，或者是动物的食物上，例如鬼针草、雀榕、车前草等。

睡莲

③ 利用弹力来传播

若成熟的果实轻轻一碰，果实就会裂开，用果皮反卷的弹力将种子弹出，例如非洲凤仙、羊蹄甲、洋紫荆等。

④ 利用水力来传播

生长在水边的植物，通常会利用水力来传播种子，例如睡莲等。

科学统计

种子的大家庭可谓种类繁多，约有20万种。种子重量、体积的大小差异很大。马齿苋种子的千粒重只有0.13克，寄生植物列当种子千粒重仅在0.0029～0.0049克之间。它们都是种子植物的小宝宝，而种子植物约占世界植物的2/3还要多。复椰子的种子重约20千克；芝麻的种子25万粒才有1千克重，烟草的种子700万粒才有1千克重，也就是7000粒才重1克；斑叶兰的种子200万粒才重1克，轻得如同灰尘。

吸收水分和养分的管道：根茎

你们知道吗

爸爸妈妈，你们知道植物根茎是养分的输送通道。比如，根从泥土中吸收微量元素和水分，顺着茎流到枝叶各个角落。植物根茎可以称得上是运输部、后勤部，在生长阶段非常繁忙。

那么，你们知道植物里的水分为何会从低处向高处流呢？植物是靠根的哪部分来“吃”的呢？

由来历史

马齿苋

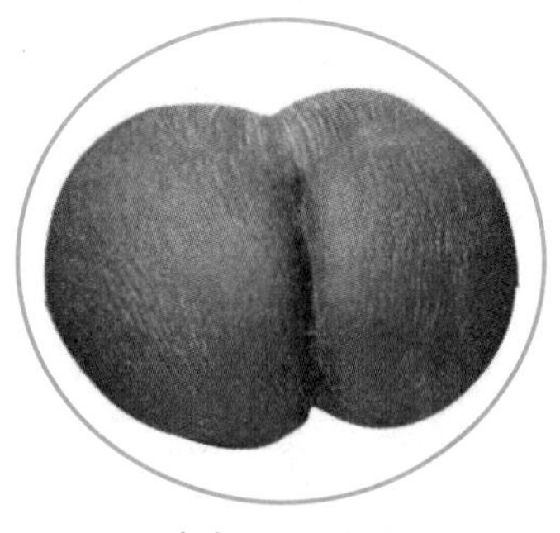

复椰子的种子

植物的茎内有两条“公路”：

一条“公路”在韧皮部，是由一串串筛管上下连接而成的，它的运输方向是由上往下，把叶子制造的营养物质运输到根部或其他部位。运输有机物的筛管由于横壁仍然存在，但横壁上出现很多的孔，通过孔上下筛管连通形成有很多“关口”的公路，运输速度也是很快的，大约每小时0.7～1.1米。叶制造的有机物30～60分钟就可运送到根部。

另一条路线在木质部，是由一种导管细胞上下连接而成，运输路线是由下往上运输，也就是说把根部吸收的水分和无机盐运送到叶部等。

导管细胞由于没有细胞核、细胞质和横壁，上下彼此连接形成中空的长管，水分在里面可以畅流无阻，加上叶部蒸腾拉力作用和水分子之间的吸引力，水和无机盐可以源源不断地向上运输到植物体的各个部分。

水在导管中的输导速度很快：速度最快的为每小时45米，最慢的每小时也有5米，一棵草5～20分钟就能把水输导到顶端，高达几十米甚至上百米的树木，茎的输水能力就更大了。有人统计过，落叶树1平方厘米的木质横切面上，1小时可通过水量20立方厘米。

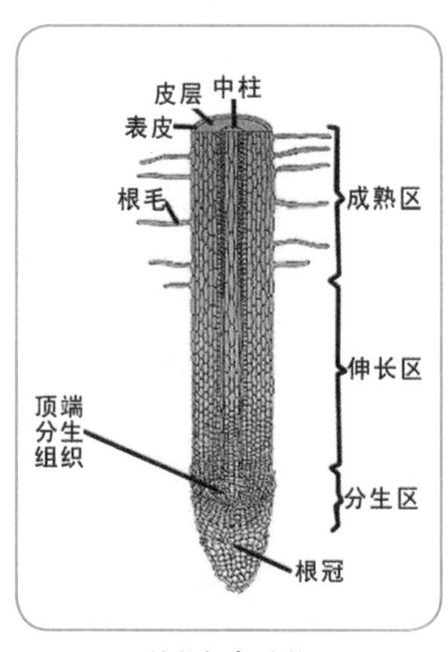

植物根部结构

植物体内的两条“公路”是很繁忙的，运输量也是很巨大的。

植物的根生活在土壤中，是靠根毛区的根毛来“吃东西”的。根毛是根毛区的外层细胞，即表皮细胞产生的一种特殊结构，是由幼根尖端的表皮细胞向外突起产生的。

根毛样子像什么呢？把它放在显微镜下

看看，简直像从细胞外壁伸出来的外端封闭的瓶子。

植物的径是养分的输送管道

根毛的长度由0.15毫米到1厘米，直径为百分之几毫米。在形成根毛的吸收表皮上，布满一层胶粘的物质，能把根毛和土壤胶粘在一起，这是因为许多植物的根毛壁都含有一种胶质，所以，若是把一株苗从土壤中拔出来，常常会看到被根毛紧紧缠绕住的土块。

那么，植物的根上有多少根毛呢？多极了，每平方毫米上都有数百条根毛，有的能达到2000多条。

趣话故事

植物是依靠什么生活的呢？

在17世纪，有位名叫梵·海尔蒙脱的生物学家做了一个实验，他把一根柳条插在一只装着泥土的木桶里。事先称了一下木桶、柳条、土壤的重量。以后他就经常浇水，别的什么肥料也没加。5年以后，这枝柳条长大成树了。海尔蒙脱把柳树挖出来，去掉根上的泥土，称了称，比原来的柳条重了30倍。

柳树增加的物质是从哪儿得来的呢？是土壤里来的吗？不是，因为桶内的土壤5年中少了不到100克。海尔蒙脱猜想是从水中得来的。可是后来，人们做了一个化学分析，知道柳树增加的物质有很大一部分是碳元素。碳元素决不是从水里来的，因为水是氢和氧的化合物。于是人们又想：柳树增加的物质可能是从空气中得来的，因为空气中含有碳的化合物——二氧化碳气。

吸收二氧化碳的柳树

根据这样的设想，人们又做了一个实验，把柳树栽在一间温室里，如果把室内的二氧化碳气除去，柳树便停止生长；把二氧化碳气放进去，柳树又开始生长。呵！一个谜终于揭开了，柳树果然“吃”的是二氧化碳气！

只有二氧化碳气，植物还不能生存。海尔蒙脱的实验证明，植物在生长过程中所需要的水是相当多的。

水是植物的命根子，断了水，植物就没有办法活下去。

科学统计

向日葵

一般植物所喝的水量，相当于自身体重的300～800倍。一株向日葵一个夏季需喝250千克左右的水；一株玉米一个夏季要吸收200千克水。绿叶蔬菜需要的水更多，667平方米土地可产1500千克白菜，共需消耗120万千克左右的水。

植物的根的长度往往是地上茎干高度的5～15倍。像小麦、稻、谷等作物的根能伸入地下1米多呢。沙漠中的苜蓿为了得到一点水，根扎向地下可到12米长。在南非有一株无花果的根深可达到120米，足有40层楼高。

叶子的秘密

你们知道吗

爸爸妈妈，不用说你们也知道植物的叶子是用来进行光合作用，它们吸收二氧化碳，吐出氧气。气体通过叶子上的一些小孔与薄膜而进进出出。

你们知道吗，植物的叶子有报警功能，还有很多不为人知的其他本领呢？

无花果树

苜蓿

植物在进行呼吸作用时要消耗身体里的一些有机物，也就是用吸进的氧气分解有机物，然后释放出能量，作为生长、吸收等生理活动不可缺少的动力。

植物呼吸作用示意图

很多植物叶子的尖端或边缘有一滴滴的水珠淌下来，好像在流汗似的。人们大多以为这是露水，但细心观察后发现：水珠慢慢地从植物叶片尖端冒出来逐渐变大，最后掉落下来；叶尖紧接着又重新冒出水珠，还是慢慢变大掉下来……一滴一滴地连续不断。显然，这不是露水，因为露水应该满布叶面。那么，这些水珠无疑是从植物体内跑出来的了。

这是怎么回事呢？原来，在植物生理学中有一种“吐水现象”。

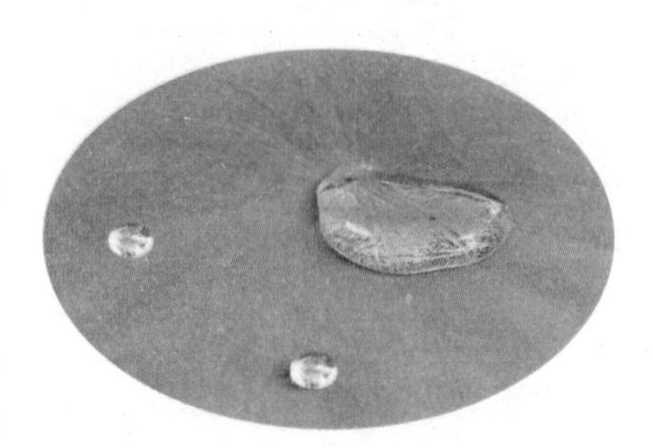
叶片上的水滴

在植物叶片的尖端或边缘有一种水孔，和植物体内运输水分和无机盐的导管相通，可以不断地把植物体内的水分排出体外。每逢气温高时，气候干燥，从水孔排出的水分很快就蒸发散失了，看不到叶尖上积聚水珠；每逢气温高湿度大时，根的吸收作用旺盛，水分不易从气孔中蒸散出去，只好直接从水孔中流出。

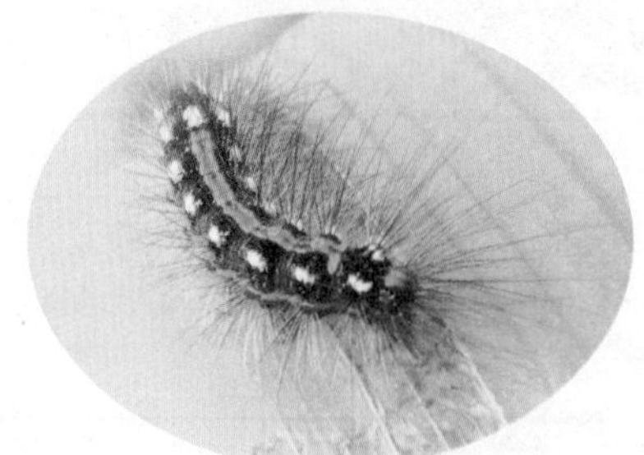
植物也有防御能力

在抵御病虫害过程中，植物枝叶还能报警。植物学家通过实验发现：毛虫在食用柳树叶子时引起受害树的抵抗后，也会使3米以外的邻树产生了防御能力。

植物叶子在受到啃咬时，通过化学变化制造出可以招来鸟的“化学武器”。昆虫在吃树叶的同时，叶子上生出可溶的单宁酸，使昆虫觉得树叶味道不好吃，就不断地转移，树叶上就留下了一片片有规则的小孔。鸟会利用这些小孔觅食昆虫。

趣话故事

1771年，科学家揭开了绿叶的秘密。英国科学家普利斯特利当众做了一个实验：

在一个玻璃罩里点燃蜡烛，将污浊的空气分成两份，引到两个密封的玻璃罩里，其中的一个玻璃罩里放进了一支薄荷枝叶。几天以后，他又把两只老鼠分别放到这两个玻璃罩里。结果，没有薄荷枝叶那个玻璃罩里的老鼠因缺氧停止了呼吸，而有薄荷枝叶的那个玻璃罩内的老鼠却在奔跑；一天过去了，玻璃罩内混浊的空气变得洁净了；两天以后，老鼠活得还很好；到了第七天，老鼠仍活着，薄荷枝叶上还长出了一些新枝。于是，普利斯特利认为，薄荷能澄清空气，植物能使空气更新。

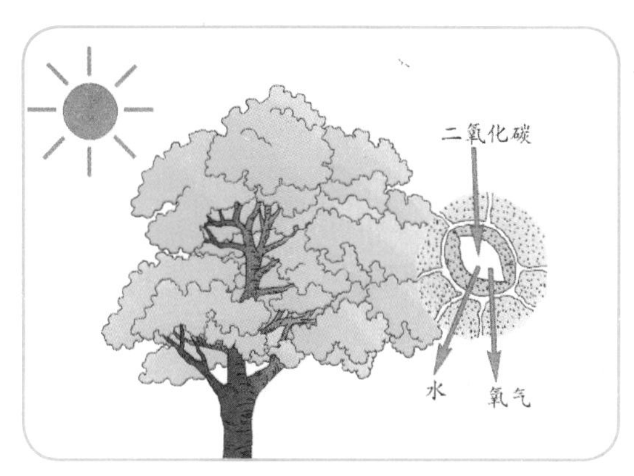

光合作用示意图

1779年，荷兰科学家胡兹指出，光是绿色植物发挥这一作用的必要条件。植物在阳光下可使空气清新，增加大气中的氧气含量。

1782年，瑞士科学家谢尼伯把植物嫩枝浸在有水的玻璃管里，阳光下嫩枝显得碧绿可爱。然后，他用一根细麦秆往管内的水中吹气。谢尼伯目不转睛地注视、等待着，不一会儿奇迹出现了：绿叶上布满了珍珠似的小泡泡。这究竟是什么呢？他用一支试管小心翼翼地把这些气泡收集起来，将一根冒烟的干木柴放进试管中，顿时火花四冒烧着了。原来，这个气泡里有氧气。他终于发现：植物的绿叶在阳光下会吸进二氧化碳，放出氧气。

到了18世纪末，荷兰科学家英格豪斯把绿色植物的这一重要生理活动称为光合作用。

1862年，人们才了解到淀粉是绿叶光合作用的第一个肉眼可见的产物。

科学家用实验证明：绿色植物用水和二氧化碳制造出碳水化合物和氧气。

科学统计

绿色植物利用太阳能效率比原子核能还要高，光合作用的转换效率可达35%～75%。绿色植物的光合作用促进了大气中二氧化碳和氧气的循环，只有这样一切生物才能够生存。

经过计算，1天中人要呼吸近2万次才能正常生活，一个人一昼夜吸入体内的氧气体积相当于6寸高的篮球场那么大；一个人1年能呼出约300千克的二氧化碳。

据统计，每年地球上的绿色植物放出的氧气达1000多亿吨，大气中的氧气量不过200多亿吨。

美丽的花朵也会“睡觉”

美丽的花冠

你们知道吗

爸爸妈妈，植物的花朵你们一定不稀奇吧？也许，你们经常看到美丽多姿的花朵为大自然增添了绚丽色彩，可以装点美化居室，各种花香也得到人们的青睐。

可你们知道吗？植物的花朵有着令人称奇的授粉本领。你们知道它们还会睡觉吗？

由来历史

花冠有舌状、十字状、钟状、漏斗状、管状、蝶形、高脚碟形、唇形。

花瓣一般是一朵花最显眼的部分，能保护花的内部。花瓣的分布有放射型和对称型，被子植物的花瓣形状和颜色非常多，有些花瓣在基部连在一起组成一个花筒，有些花瓣组成一个环绕着雌蕊群的花杯，还有些植物花瓣退化、消失了。

绚烂多彩的花海

花瓣细胞液里因含有花青素和类胡萝卜素等物质，使花瓣万紫千红、绚烂多彩。

花青素是水溶性物质，分布于细胞液中。这类色素的颜色随着细胞液的酸碱度变化而变化。花青素在碱性溶液中呈蓝色，在酸性溶液中呈红色，而在中性溶液中呈紫色。因此，凡是含有大量花青素的花瓣，它们的颜色都在红色、蓝色、紫色之间变化着。黑色花瓣内也含有花青素，细胞液呈强碱性时，花青素在强碱的条件下呈现出蓝黑色或者紫黑色。

类胡萝卜素有80多种，是脂溶性物质，分布于细胞的染色体内，花瓣的黄色、橙色、橘红色主要是由这类色素形成。如黄玫瑰含有胡萝卜素则呈现黄色，金盏花里含有另一种类胡萝卜素而使花冠变成梅黄色，而在郁金香花中的类胡萝卜素则使花冠呈现出美丽的橘红色。细胞中含有黄酮色素或者黄色油滴也能使花瓣呈现黄色。细胞液中含有大量叶绿素则呈现绿色。

金盏花

洁白色的花瓣是因为细胞中不含有任何色素，只是在细胞间隙中隐藏着许多由空气组成的微小气泡，它能把光线全部反射出来，所以花瓣呈现白色。

复色的花含有不同种类的色素，它们在花上分布的部位不同。花瓣由含有各种不同色素的细胞镶嵌而成，使一朵花上呈现出多种不同颜色，从而使得花朵绚丽多彩。

花色只有白、黄、红、蓝、紫、绿、茶、橙、黑九种，只是深浅不同罢了。花色的种类由多到少也是按这个顺序排列的。世界上有成千上万种的花，或者花鲜红似火，或者花洁白如雪，或者蓝像大海，或者绿若翡翠，五颜六色、娇艳万分。

因为昆虫喜欢白、黄、红这三种颜色，这样的花朵有更多授粉机会，就变得越来越多。

极少见的绿菊花、绿月季因“物以稀为贵”，也就成了花中的上品了。

而有的植物花朵能日变三色，比如三醉木芙蓉在早上是白色，中午开成浅红色，到傍晚则变成了深红色。

还有一些花，花色从开花到衰败不断变化，比如牵牛花初开时为红色，快凋谢时变成紫色。

稀有的绿菊花

三醉木芙蓉

牵牛花

植物的花朵有睡眠习性。这是植物适应环境变化保护自己的一种活动。有的是为减少热的散失和水分的蒸发，睡眠起到保温和保湿作用；有的花朵晚上闭合，可以防止娇嫩花蕊不被冻坏；有的花朵昼闭夜开，是为了让夜行性的昆虫在夜间帮助传送花粉；有的花朵对气温变化十分敏感，花朵时开时闭。

趣话故事

很多植物有自己的“绝招”，比如杂草荨麻。每天清晨，荨麻的雄蕊都要向空中“鸣炮”，而炮弹则是花药，花药中的花粉就在互相撞击的花药中破壳而出，随风飘扬，整个草地竟真如战场一般，硝烟弥漫。

荨麻

植物为何要制造一场场花粉“雾”、“雨”呢?

原来，雌性植物为了培育下一代，想方设法授粉让自己受孕。只因这些花大都“貌不惊人”，没有扑鼻的香味，不能吸引昆虫来帮忙授粉。它们只有求助于风做“媒人”，把花粉吹到雌蕊之上完成传粉的任务。

有的植物会用模拟和欺骗的战术引诱昆虫来为自己传粉。比如有一种热带兰花，外形长得很像雌性的野蜜蜂，它能散发出一种酷似母蜂气味的特殊的芳香，来引诱雄蜂，雄蜂一旦款款飞来，花粉便会粘住它的头部。

科学统计

半支莲

植物花朵的睡眠时间有早有晚，长短不一。晴天，蒲公英上午7点钟开花，下午5点钟才闭合。山地生长的柳叶蒲公英是蒲公英的小兄弟，不过它比较贪睡：上午8点钟开花，下午3点钟就闭合睡觉了。半支莲更是个贪睡的家伙，上午10点钟刚刚醒来，绽开五颜六色的花，一过中午就闭合起来睡大觉了。

落花生的花朵可与众不同，睡眠时间是随昼夜长短不同而变化的。7月时，早晨6点钟就醒来开花，下午6点钟闭合睡觉；9月时，上午10点钟才开花，下午4点钟就闭合睡觉了。

番红花

落花生

紫茉莉

早春时节开花的番红花更有趣。一天之中会时而张开时而闭合，就像刚出生的幼儿醒了睡，睡了醒，反复多次。

也有的花朵白天睡觉，夜晚开放。例如，紫茉莉下午5点钟左右开花，到第二天拂晓时闭合睡觉。月光花在夜晚8点钟左右开花，到次日清晨才闭合睡觉，不愧为月光下含笑开放的花。

你们知道吗

爸爸妈妈，你们知道植物在漫长的进化中，有不同的繁殖生长方式，可你们知道植物都有什么繁殖生长的本领和诀窍吗?

由来历史

孢子繁殖的植物

植物产生与自己相似的后代称为繁殖。这是植物延续物种的一种自然现象，也是植物生命的基本特征之一。

植物繁殖分为营养繁殖、种子繁殖（有性繁殖）、无性繁殖三种方式。

高等植物的一部分器官脱离母体后能重新分化发育成一个完整的生命，这就是植物的“再生作用”。植物的营养繁殖就是利用这种特性来繁殖新个体的一种繁殖方法。营养繁殖的后代来自同一植物的营养体，是母体发育的继续，因此，开花结实早，能保持母体的优良性状和特征。

种子繁殖也称为有性繁殖，是植物繁殖最常用的方式，几乎大部分植物都采用。一般是在开花季节，采用各种方法传粉后结出种子的新植物。种子繁殖出的植物，一般生长初期都会有子叶，子叶为植物生长初期提供养分的，等到真叶数量增多以后，子叶就逐渐枯萎凋落。

无性繁殖是新个体通过无性繁殖细胞，从母体分离后直接发育而形成，比如孢子。

种子植物能用种子、根、茎、叶等方式繁殖已为人们所熟悉，但有许多植物能像哺乳动物那样进行胎生繁殖。比如，生长在热带、亚热带沿海溪河泥滩上的红树，马鞭草科的白骨壤，梧桐科的银叶树，荚竹桃科的海芒果，锦葵科的黄槿等植物都是胎生繁殖。

植物体内有生长激素。生长素是发现最早、研究最多、在植物体内存在最普遍的一种植物激素。1880年，达尔文父子进行向光性实验时，首次发现植物幼苗尖端的胚芽鞘在单方向的光照下向光弯曲生长，但如果把尖端切除或用黑罩遮住光线，即使单向照光，幼苗也不会向光弯曲。

1934年，科学家从人尿中分离出具有生长素效应的化学物质——吲哚乙酸。

激素虽然极其微小，据统计，700万株玉米幼苗所分泌的植物激素不过只

海芒果

黄槿

有针尖大小。它对植物的生长却有着不可估量的作用。

比如，屋子里的花草会自动转向有光的地方，向日葵紧紧跟随着太阳，这些现象都是生长激素的作用。树的树冠上尖下粗，也是生长素的作用。

大量的水果如果装在一个容器里就很容易变熟，甚至变坏，就是植物激素乙烯在发威。还有一种激素脱落酸，能促进植物的衰老。在冬天里，脱落酸使植物叶子落光，进入休眠状态。

趣话故事

2007年，人们发现了一棵奇特的植物，高约140厘米，根须为红棕色，有男性特征；耳朵厚实粗大，肥肚，四肢齐全，腿非常修长，背部轮廓和臀部非常清晰。它的根系直径约1厘米，重1.5千克左右。

有专家分析这是一只人工培育的雄性人形“何首乌”，就是将何首乌栽到人形模具内，用营养土催长。也有专家认为是鸡屎藤。

高粱

科学统计

植物生长需要17种营养元素，分为大量元素、中量元素、微量元素三种。大量元素有碳、氢、氧、氮、磷、钾；中量元素有镁、钙、硫；微量元素有氯、铁、锰、硼、锌、铜、钼、镍。

植物体内可检出70多种矿质元素。其中，磷的含量一般为植物干重的0.2%~1.1%。其中有机态磷约占全磷的85%，无机态磷仅占15%左右。

一些植物的种子在萌发时所需要的水量是：水稻为40%，小麦为45%，豌豆为107%，大豆为110%。各种栽培植物对播种温度要求是：高粱、玉米、大豆、粟等需12℃时；水稻、棉花等种子需12℃~15℃。

3．人的孕育和发育成长

从结合孕育开始的生长

你们知道吗

爸爸妈妈，我们在儿时不止一次地问你们：我到底从哪儿来？你们会告诉说是妈妈生育了我。

可你们知道新生命又是如何孕育的吗？

由来历史

灵长类动物

人类经过从古到今的物种进化演变后，与灵长类动物一样，都是采用胎生方式繁殖后代，也就是说我们在母亲的身体中开始发育生长。

精子是男性成熟的生殖细胞，在精巢中形成。

精子开始发生顶体反应时，顶体首先膨胀，精子的细胞膜与顶体外膜紧贴，发生多点融合，融合处破裂，顶体通过破裂口与精子外部相通，顶体内容物中的水解酶被激活并通过破口扩散出精子头表面，顶体内膜暴露。顶体反应是精子在受精时的关键变化，只有完成顶体反应的精子才能与卵母细胞融合，实现受精。

正常性成熟的男子一次射精虽然排出数千万甚至高达2亿左右个精子，但这些精子大部分会在女性生殖道的酸性环境中因失去活力而死亡。一般来说，精子在阴道里的寿命不超过8小时，仅仅只有一小部分精子脱险并继续向前进。当精子争先恐后地上行到达子宫腔内时，其数量只有射精时的1%～5%，这是为什么呢？因为射精时留存在精液中的精子，可以得到精液里大量的果糖和分解糖的酶所保护，当精子进入子宫腔后就离开了精液，其生存条件远远不如在精液之中，因此寿命也就大为缩短，质量差的精子运行较慢，不能很快到达宫腔，也就失去了活力。经过道道关卡，最终能够到达输卵管受精部位的精子也就所剩无几了。然而，精子只要进入输卵管内，就具有很强的受精能力。

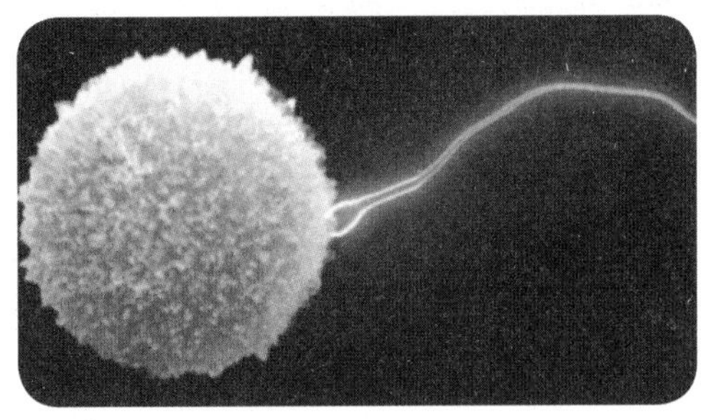

精子

当然，最后仅有1～2个精子有幸能与卵子结合，其余的精子则在24～36个小时内先后死亡。惟独储存在宫颈粘膜隐窝内的精子，其寿命可达2～6天，尽管如此，其受精的能力已基本丧失，因为精子的受精能力大多仅能维持20小时左右。

概括起来，精子有以下几个特点：

① 精子产生于睾丸中，精子需要大约10周的时间达到成熟。

② 成熟的精子储存在附睾中。

③ 精子是体内最小的细胞，它需要均衡的能力补充。

④ 必须在低于体温3℃～5℃的温度下，才能产生大量健康的精子。

⑤ 一个成年男性每天可产生7000万～1.5亿个精子。

⑥ 在勃起的阳物尖端大约有300万个精子。

⑦ 射精过程中精子的运动速度可达28英里/时。

⑧ 附睾中的精子通过输精管传输，输精管中有富含果糖的流体，果糖相当于火箭的燃料，有助于精子的运输。

⑨ 它每小时游12英寸。

⑩ 精液中的大部分是碱性物质，它有助于精子的旅程。

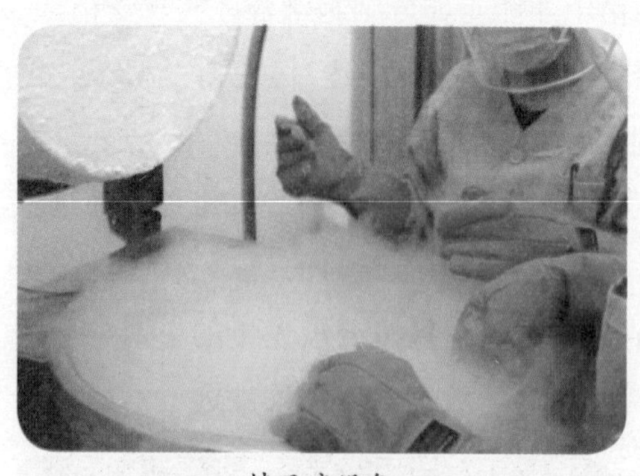

精子库设备

用冷冻的方法贮存人和动物的精子。将精子冷冻贮存在由蛋黄、甘油、柠檬酸钠等组成的液氮罐内，使它们在-196℃的低温下冬眠，一旦复温后，精子可恢复生命机能。20世纪60年代，美国、英国、法国、印度等均先后建立人类精子库，进行优生研究。中国于1981年11月在湖南医科大学建立了人类精子库存，接着又在一些大城市如青岛、北京、沈阳、上海等地的学校、医院中陆续建立了规模不一的人类精子库存。1983年1月16日中国首例人工授精婴儿在长沙诞生。

从无机物变成有机物，最后形成复杂的生命体，这个过程有一种物质起着催化作用。

你们知道吗？催动原始生命诞生的物质究竟是什么呢？

如果没有蛋白质，现在的生物界会是什么样子？

蛋白质是生物体内一类生物大分子，是动物、植物和微生物细胞中最重要的有机物质之一，也是细胞结构中最重要的成分。例如，蛋白质与DNA构成染色体，在质膜、核膜、叶绿体膜、线粒体膜、内质网中蛋白质与脂类构成生物膜，在核糖体中蛋白质与核糖核酸（RNA）结合在一起。大多数生物体中的蛋白质占总干重的一半以上。蛋白质种类繁多，人体中蛋白质超过10万种。例如，血红蛋白、纤维蛋白、组蛋白、各种色素、各种酶等。

所有重要的生命活动都离不开蛋白质。从细胞的有丝分裂、发育分化到光合作用、物质的运输、转移及植物细胞内千头万绪的化学变化，都是依靠蛋白质完成的。恩格斯说："生命是蛋白质的存在方式。"

蛋白质存在于多种食物之中

研究还证实，遗传信息DNA

的传递、表达，包括复制、转录、翻译，都离不开蛋白质的作用。而酶是生物体内一种特殊的蛋白质，是高效有机催化剂。各种生化过程都是在酶的作用下进行的。

趣话故事

有关伊甸园的名画

传说，上帝在东方造了一个伊甸园，里面长着生命树与智慧树，还有其他动物。上帝又造出亚当让他生活在园中，告诉他不许吃生命树和智慧树上的果子。上帝在亚当睡觉时，取下他的一根肋骨，造出了夏娃。亚当和夏娃光着身体，很幸福地生活在伊甸园里，与上帝和谐相处。

可是，动物中有一只蛇，问夏娃想不想吃智慧树上的果子。“那，”夏娃答道，“当然想吃了。不过，我们吃了智慧树上的果子就会死。”

蛇说：“不会的。如果你们吃智慧树上的果子，就会与上帝一样发现善恶有别了。所以上帝才不让你们吃智慧树果的。”

夏娃经受不住水灵灵智慧果的诱惑，就摘下了一枚果子吃。她又摘了一枚递给亚当吃了。他们彼此看着，意识到男女身体有别，感到羞耻，急忙摘下一些无花果叶盖住身体。

有关亚当与夏娃的画作

天黑下来，上帝来到了园中，亚当藏了起来，上帝问为何藏起来。亚当说自己听到上帝的声音很害怕。上帝说：“如果你害怕，那一定是吃了我禁止你们吃的果子。”

上帝得知情况，对蛇下了诅

咒，并把亚当和夏娃赶出伊甸园，让他们来到尘世里，还诅咒以后亚当必须受苦，夏娃要遭分娩的罪。

科学统计

① 眼睛

在母体中，我们眼睛的网膜在4周大时形成，视力在第七个月左右就会产生。

② 耳朵

我们在母体中四个月时，脑已形成，会将声音当做是一种感觉。五个月时逐步完成耳朵的构造，与成人相差无几。

所以，四个月大时我们就开始会用自己的耳朵去倾听外界的或来自母亲的声音。

③ 手指脚趾和其他器官

我们在母体中10周时手指和脚趾都长出来了。

④ 骨骼毛发

我们在母体中11周时生长速度加快，对营养的需求量增大。

⑤ 肺脏

我们在母体中12周时肺脏结构已经构造好了。

⑥ 头发

一般情况下，我们在母体内4个月大时便会长出胎毛。

不仅增加，还有减少

你们知道吗

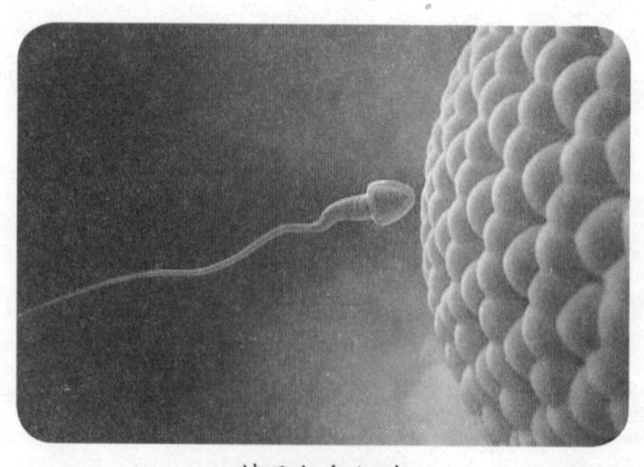

精子与卵细胞

爸爸妈妈，我们知道人类的生命是由精子和卵子结合后的受精卵细胞分裂开始发育的。

那么，你们知道吗？人类胚胎在发育过程中有着怎样传奇的过程呢？在这个过程中有哪些方面在增加，哪些方面却在减少呢？

由来历史

当父亲的一个精子进入母体遇见并穿透母亲的一个卵细胞，与这个卵细胞结合后完成了受精。这就是大家所知道的怀孕。与此同时，也完成了基因重组，包括婴儿性别。大约3天之后受精卵开始迅速分裂成许多的细胞，通过输卵管进入子宫并植入在子宫内壁上。这时候开始形成为胎儿提供营养的胎盘。卵子在受精后的2周内称孕卵或受精卵，受精后的第3～8周称为胚胎。

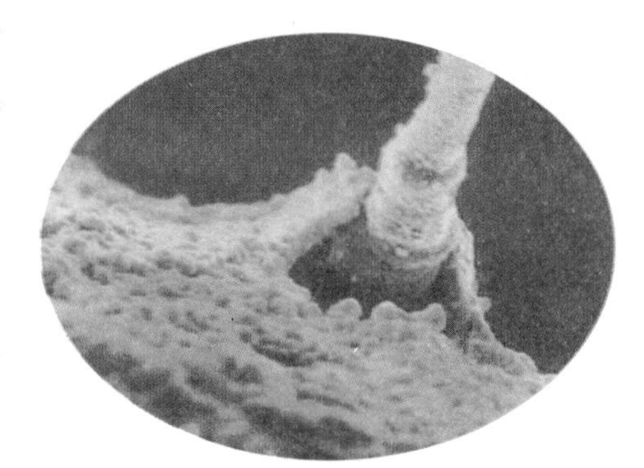

结合中的精子和卵细胞

由一个受精卵发育成为一个新个体，需要经历一系列非常复杂的变化。简单地说，卵细胞受精以后即开始分裂、发育，形成为胚胎。一般先形成的胚胎形状像桑椹一样的桑椹胚，再形成囊状的囊胚，囊胚植入在子宫内膜中，囊胚壁是一个滋养层，囊胚通过吸收母体的营养来发育。囊胚经过发育后内细胞群的一部分发育成外胚层、内胚层和中胚层这三个胚层，再由这三个胚层分化发育成人体的所有组织和器官。

子宫内的胎儿

在母体中精子和卵子结合以后，形成受精卵，从受精卵发育到胚胎，此时的胚子约1～11毫米小，另外，即将成为心脏的血管因收缩而开始博动，同时将血液输送到全身各处。受精卵由胚盘形成胚子之后，最早形成的是中枢神经系统，中枢神经系统的形成是在受精后5周时完成的，即外胚层将分化成整个神经系统，包括中枢及周围神经系统，表皮、毛发及感觉器官的上皮部分。

接下来的1周，心脏已拥有4室，我们在母体中满9周时，全身的器官如头部、胸部、腹部、骨盘及其中的各内脏、脸部、四肢等已形成。这个时期称为胚子期、器官形成期。即中胚层将分化成真皮层、骨骼、结缔组织、心血管系统、泌尿生殖系统及大多数骨骼肌和平滑肌。内胚层将分化成消化系统自咽到直肠，并包括肝、胰、甲状腺、呼吸系统自喉到肺。接着，这新个体便逐渐完成我们必要的所有器官、机能。

我们在母体中的前3个月，是神经系统、心血管系统、肢体的发育时期。在母体中的15 ~ 25天，以神经系统发育为主； 24 ~ 40天，以心血管系统、内脏器官及双眼、肢体发育为主，36 ~ 55天，以外生殖器发育为主。

趣话故事

张民觉

由于各种原因，会引起输卵管阻塞，使精子、卵子不能相遇，从而导致不孕。医学上，解决方法是使精子与卵子在体外相遇并受精，这就是试管婴儿。医学上，试管婴儿称为“体外受精——胚胎移植”。

具体的做法是：先用药物促使双侧卵巢多生长出一些卵子，待成熟后将卵子取出，放入模拟人体内环境的培养液中，再加入经过处理的精液，培养一段时间后，精子、卵子即可融合成受精卵并分裂至4 ~ 8个细胞，然后挑出2 ~ 3个发育最好的胚胎，放回到子宫腔内继续生长发育。

那么，试管婴儿技术是如何发展起来的呢?

试管婴儿技术的研究有着漫长的历史。20世纪40年代，科学家尝试将兔卵回收转移到别的兔体内，借腹生下幼兔的实验。1959年，美籍华人生物学家张民觉把从兔子交配后回收的精子和卵子在体外受精结合，又将受精卵移植到其他兔子的输卵管内借腹怀胎，生出正常的幼兔。成功地完成兔子体外受精实验，使张民觉成为体外受精研究的先驱。他的动物实验结果为后来人的体外受精和试管婴儿研究打下了良好的基础。

1978年7月25日，世界第一例试管婴儿在英国诞生。1980年6月，澳大利亚第一例试管婴儿妊娠成功。1981年11月以前，英国及澳大利亚共诞生15例。1981年12月，美国出生第一例试管婴儿。现在全世界范围内已出生1万例以上试管婴儿，妊娠率提高到20%～30%。

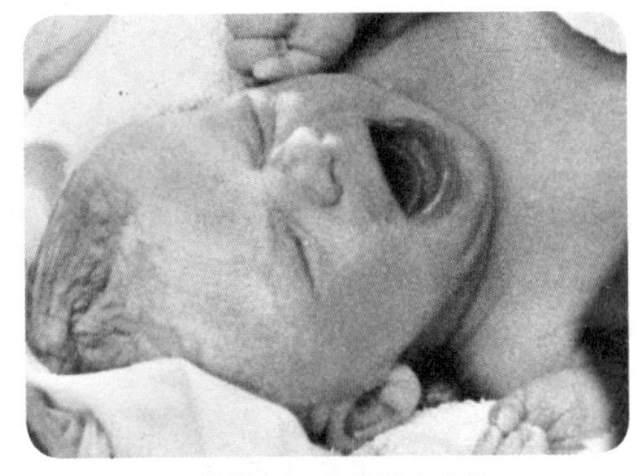

世界第一例试管婴儿露丝

科学统计

人体在发育成长过程是这样的：

① 第一个月

出生1周时我们的体重一般在2500～4000克之间，身长在46～52厘米，头围34厘米，胸围比头围略小1～2厘米。婴儿的体重从第四五天开始回升。

第2周每天增长25～30克，这一周即可恢复到出生时的体重。

第3周时我们的各种条件反射都已建立。

第4周时我们的体重，男孩大约为4.9千克，女孩大约为4. 6千克，身长男孩大约为56.6厘米，女孩大约为55.6厘米。这时候婴儿一逗会笑，面部长得扁平阔鼻，双颊饱满，肩和臀部显得较狭小，头颈短，胸脯、肚子呈现圆鼓外形，小胳臂、小腿也总是喜欢呈屈曲状况，两只小手握着拳。

② 第二个月

满两个月时，男孩体重3.5～6.8千克，身长52.9～63.2厘米；女孩体重3.3～6.1千克，身长52.0～63.2厘米 。逗引婴儿时会微笑，眼睛能够跟着物体在水平方向移动；能够转头寻找声源；俯卧时能抬头片刻，自由地转动头部；手指能自己展开合拢，能在胸前玩，会吸吮拇指。

③ 第三个月

满三个月时，男孩体重4.1～7.7千克，身长55.8～66.4厘米，女孩体重3.9～7.0千克，身长54.6～64.5厘米。婴儿俯卧时，能抬起半胸，用肘支撑上身，头部能够挺直，眼看双手，手能互握，会抓衣服，抓头发、脸；眼睛能随物体转动，见人会笑；会出声答话，尖叫，会发长元音。

④ 第四个月

满四个月时，男孩体重4.7～8.5千克，身长58.3～69.1厘米，女孩体重4.5～7.7千克，身长56.9～67.1厘米。婴儿俯卧时上身能够完全抬起，与床垂直，腿能抬高去踢衣被及吊起的玩具，视线灵活，能从一个物体转移到另外一个物体，开始咿呀学语，用声音回答大人的逗引，喜欢吃辅食。

⑤ 第五个月

满五个月的男孩体重5.2～9.1千克，身长60.5～71.3厘米。女孩体重5.0～8.3千克，身长58.9～69.3厘米。婴儿能够认识妈妈，以及亲近的人，并与他们应答，大部分孩子能够从仰卧翻身变成俯卧；可靠着坐垫坐一会儿，坐着时能直腰；大人扶着，能站立；能拿东西往嘴里放；会发出辅音一两个。

⑥ 第六个月

满六个月时，男孩体重达5.9～9.8千克，身长62.4～73.2厘米，女孩体重5.5～9.0千克，身长60.6～71.2厘米。头围44厘米，出牙两颗。此时，婴儿的手可玩脚，能吃脚趾，头、躯干、下肢完全伸平，两手各能拿稳一个玩具，能听声音看目的物，会发两三个辅音，在大人背儿歌时会做出一种熟知的动作，照镜子时会笑，用手摸镜中人，会自己拿饼干吃，会咀嚼。

4. 人体的“钢筋水泥”和“轴承”：骨骼、肌肉、关节

你们知道吗

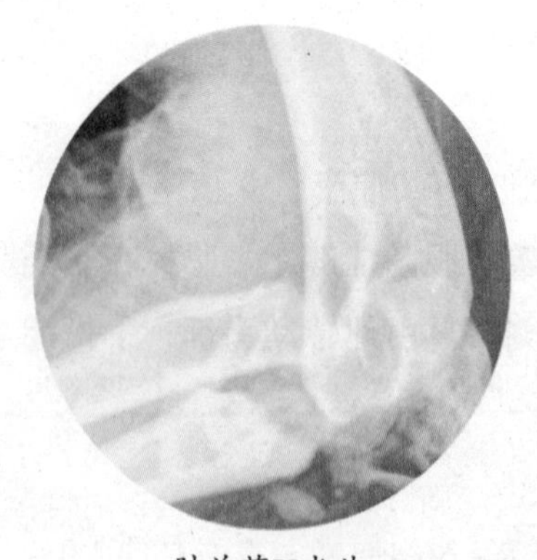

肘关节X光片

爸爸妈妈，我们都知道骨骼肌肉是人体的“钢筋水泥”，而关节是人体的“轴承”。人体有了“钢筋水泥”和“轴承”，就可以自如运动。

可你们知道骨骼和肌肉是如何配合，都有什么本领吗？

骨骼是组成脊椎动物内骨骼的坚硬器官，功能是运动、支持和保护身体，制造红血球和白血球，储藏矿物质。人体的骨骼起着支撑身体的作用，是人体运动系统的一部分。

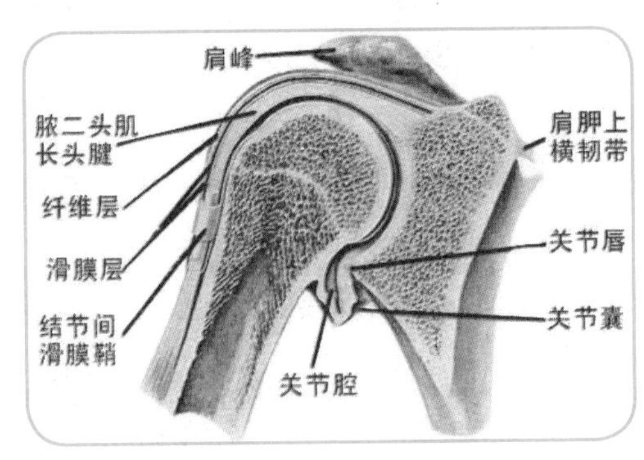

肩关节结构图

骨主要由骨质、骨髓和骨膜三部分构成，里面容有丰富的血管和神经组织。长骨的两端是呈窝状的骨松质，中部的是致密坚硬的骨密质，骨中央是骨髓腔，骨髓腔及骨松质的缝隙里容着的是骨髓。

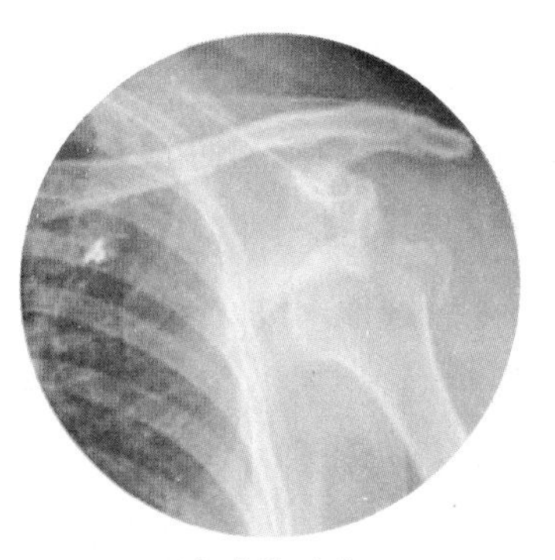
肩关节脱位

骨膜是覆盖在骨表面的结缔组织膜，里面有丰富的血管和神经，起营养骨质的作用，同时，骨膜内还有成骨细胞，能增生骨层，能使受损的骨组织愈合和再生。

骨与骨之间连接的地方称为关节，如四肢的肩、肘、指、髋、膝等关节。

关节的主要结构包括关节面、关节腔和关节囊三部分，是滑膜关节的最基本结构。

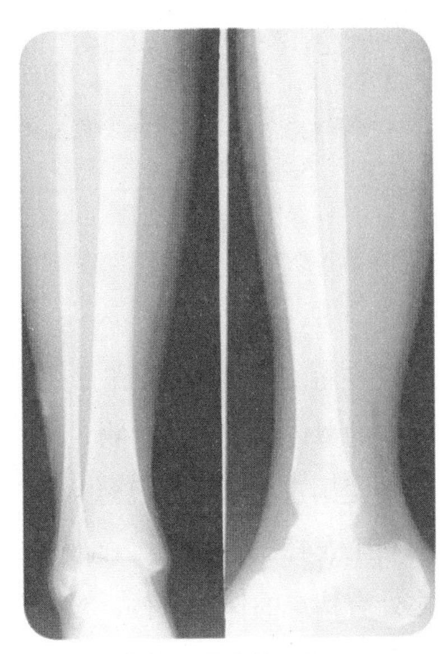
成年人的长骨X光片

连于相邻两骨之间的致密纤维结缔组织束称为韧带，可加强关节的稳固性。

当关节遭遇外伤或暴力作用会导致关节损伤，一般有关节肿胀、关节强直、关节脱位、韧带损伤等症状。骨关节疾病又称骨关节炎、退行性骨关节病、增生性关节炎、老年性关节炎，是一种以局部关节软骨退变、骨质丢失、关节边缘骨刺形成及关节畸形和软骨下骨质致密为特征的慢性关节疾病。

骨骼中还含有水、有机质(骨胶)和无机盐等成分。水的含量较其他组织少，平均约为20%～25%。在剩下的固体物质中，约40%是有机质，约60%以上是无机盐。

由于骨骼在人体各部位的位置不同，功能各异，所以，它们的形状也多种多样，分别被称为长骨、短骨、扁骨和不规则骨。

骨骼与肌肉分不开。

在中医理论中，肌肉是身体肌肉组织和皮下脂肪组织的总称。肌肉中有肌纤维、神经、血管，以及结缔组织。肌细胞的形状细长，呈纤维状，肌细胞也称为肌纤维。每根肌纤维是由较小的肌原纤维组成的。每根肌原纤维由缠在一起的两种丝状蛋白质(肌凝蛋白和肌动蛋白)组成。

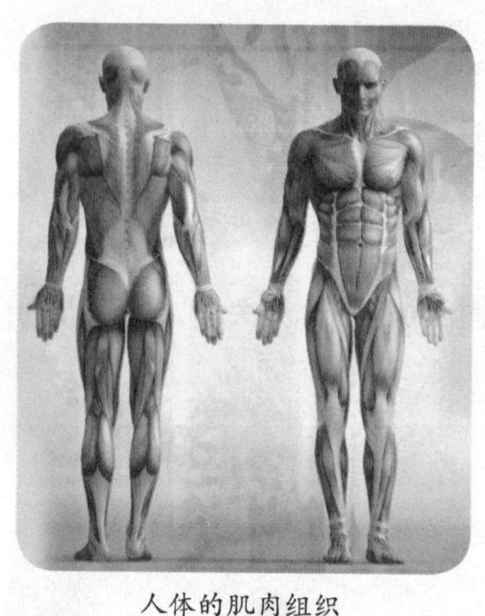
人体的肌肉组织

骨骼肌是运动系统的动力部分，分布于头、颈、躯干和四肢，通常附着于骨，骨骼肌收缩迅速、有力。骨骼肌按结构和功能的不同可分为平滑肌、心肌和骨骼肌三种；按形态又可分为长肌、短肌、阔肌和轮匝肌。

骨骼肌在神经系统的支配下，骨骼肌收缩中，牵引骨骼产生运动。每块骨骼肌不论大小如何，都具有一定的形态、结构、位置和辅助装置，并有丰富的血管和淋巴管分布，受一定的神经支配。因此，每块骨骼肌都可以看作是一个器官。

趣话故事

在科幻小说中，人们幻想利用生物的血液细胞中的遗传物质再造生物。

美国古生物学家已经从一只死于6500万年前的霸王龙骨骼中复原了血液成分。这个骨骼埋藏之处有特定的保护条件，没有像其他大多数化石那样矿化成化石。

已经灭绝的霸王龙

这只恐龙骨骼从地层中出土时，封存完好，内部基本保持着原有的状态。生物学家决定从中寻求生命的直接迹象，如细胞、DNA和蛋白质等。

复原古生物的分子是一件令人兴奋做起来棘手的工作。具有的潜在危险让很多科学家望而生畏。用来进行分析的技术手段越精微，沾染到侵入原物的分子的危险性就越大。施维泽博士和她的同事们事先采取了极为审慎的做法，一连几年不肯轻易发表他们的研究结果。

在其中的一项实验中，研究者把磨得极碎的恐龙骨骼注入老鼠的体内，看这些动物能否对恐龙血液产生免疫力。因为没有活体恐龙来验证免疫实验是否成功，他们便利用一只火鸡作为替代品，因为从理论上说，鸟类是从恐龙进化来的，而火鸡是霸王龙的近亲，至少在免疫学上可以这样说。结果，那些老鼠果然对火鸡的血液有抗体反应。

科学统计

人体共有206块骨头。其中，有躯干骨51块、颅骨29块、四股骨126块。

① 躯干骨

其中椎骨26块（颈椎7块、胸椎12块、腰椎5块、骶椎1块、尾椎1块），肋骨24块，胸骨1块。

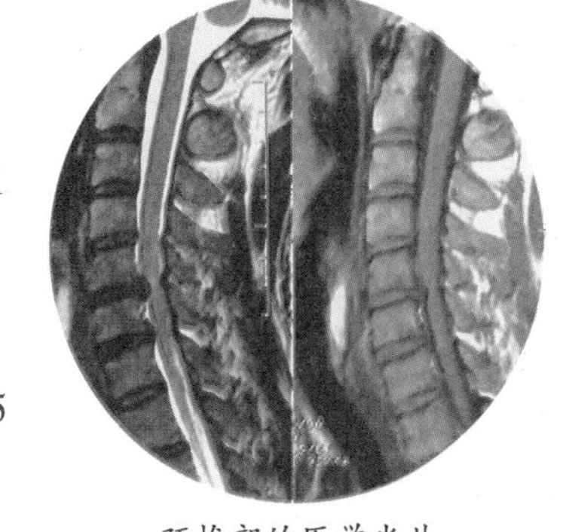

颈椎部的医学光片

② 颅骨

其中脑颅骨8块，面颅骨15块，听小骨6块。

③ 四肢骨

其中上肢带骨4块，自由上肢骨60块，下肢带骨2块，自由下肢骨60块。

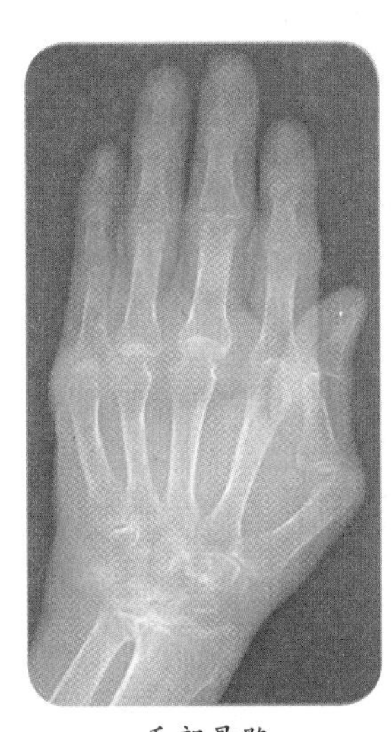

手部骨骼

人体骨骼肌共有600多块，分布广，约占体重的40%。人体肌肉中劳动最多、最持久的数心肌，它一天24小时不停“工作”。若以每分钟跳72次、至70岁计算，心脏要跳动25亿次。人皱一下眉头时，需动用脸部43块肌肉，发笑时却只有17块肌肉在活动。即使你是大懒虫，24小时内身体一样在辛勤工作，其中至少动用大肌肉750块、小肌肉1000块。

5. 身体里的“网络”：经络

你们知道吗

爸爸妈妈，你们知道我们每个人的体内都有遍布全身的网络吧。经络把人的五脏六腑和四肢百骸都联系起来，形成一个完整的整体。

那么，你们知道经络理论是怎么来的吗？它有什么神奇之处呢？

由来历史

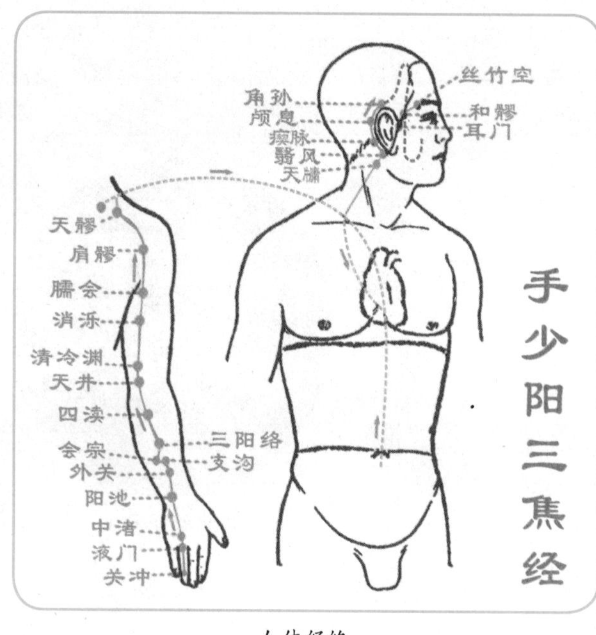

人体经络

经络是古人研究总结出来的，最早研究的就当属《黄帝内经》了。《黄帝内经》是古人对中医理论的总结，是一部中医宝典。它是在春秋战国开始，历代人通过实践研究，一步步地完善起来的。

中医理论认为，人体由经络组成，“经”是指主干，“络”是指树纵横交错的分支。人的经脉包括了十二正经和奇经八脉。

经络就是人身体内的一个个“管道”，人身体内各部分所需要的养分都由气血供给，而气血是通过一个个的经络管道输送的。经络连系着人身体的各个部分，只要有堵塞，人就会生病，所以，经络是人生存的根本保证。

每个人全身都在不停循环着气血，以保持身体正常的活动，而经络是气血运行的通道，将营养输送到全身。

经络具有屏障作用。当人体受到疾病入侵时，与皮肤相连的经络就会发挥防御机能，起到保护作用。

经络还能向外反馈人体内部的病变信息。比如，当内脏出现问题，与此相通的经络就调整出现失常的气血，达到治疗功效的。中医的针灸、按摩、气功等方法就是通过刺激经络和体表的穴位，从而调节气血。

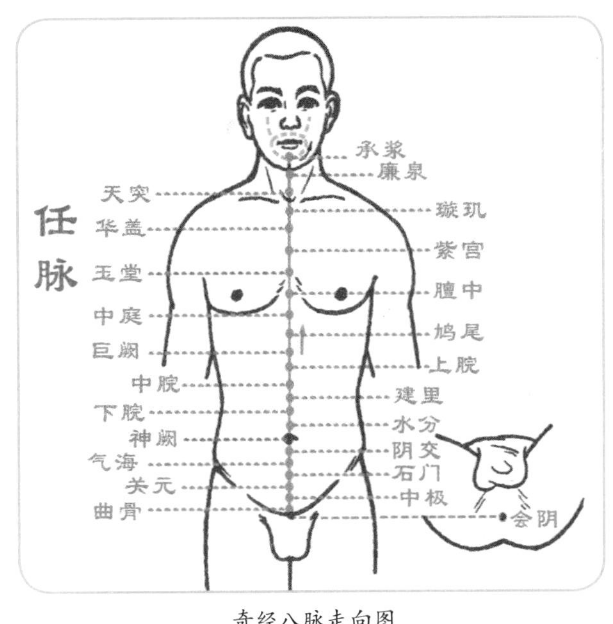

奇经八脉走向图

趣话故事

相传，扁鹊家兄弟几人都是医生，其中扁鹊医术高超，名气也最大，被人们尊称为医神。可是他自认为自己医术最差，扁鹊说：“大哥治病是在发病之前，那时候病人自己还不觉得有病，但大哥就下药铲除了病根，使他的医术难以被人认可，所以没有名气。我的二哥治病是在病初起之时，症状还不十分明显，在病人没有觉得痛苦时就能药到病除，使乡里人都认为他只是治小病很灵。我治病都是在病情十分严重之时，病人十分痛苦，病人家属万分心急。他们看到我在经脉上穿刺，用针放血，或在患处敷以毒药以毒攻毒，或大动手术直取病灶，使重病人的病情很快缓解或治愈，所以我名闻天下。”

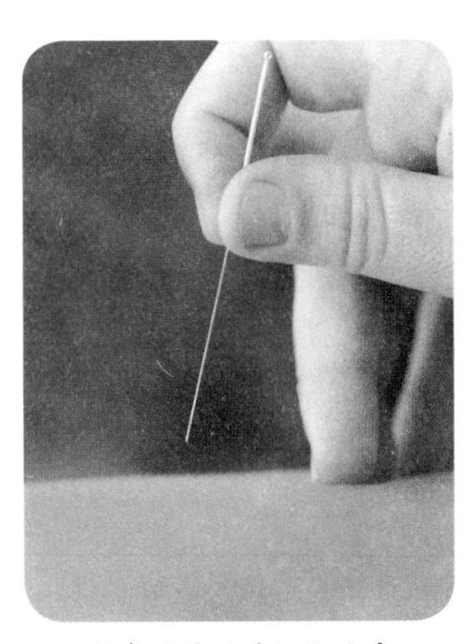
针灸就是通过经络治病

科学统计

中医学中常用的人体穴位总共有108个，中医文献还有许多关于奇穴的记载。比如，唐代《千金要方》载有奇穴187个，明代《针灸大成》收有35穴，《针灸集成》汇集了144穴，1985年世界卫生组织确定的经外穴，收录了36个奇穴，这些书籍都说明了奇穴历来都受到医家的重视。

6. 人体的“万里长城”：皮肤

你们知道吗

爸爸妈妈，皮肤是我们人体与外界接触最多、面积最大的器官，也是人体的一件外衣。那么，你们知道皮肤有哪些容易被忽视的功能？皮肤有什么不为所知的秘密吗？

由来历史

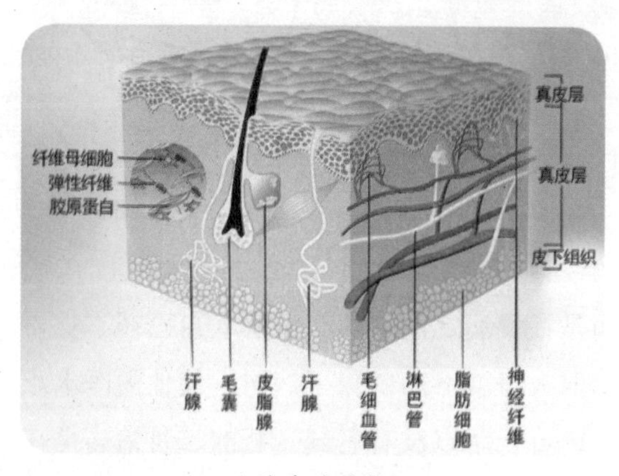

人体皮肤结构

皮肤是人体最大、最外层的器官，是人体的“万里长城”。它紧紧护卫着人的身体，防止病菌侵入，保持人体的正常的温度。皮肤共分三层：外层致密，表面细胞不活跃，层层角化不断蜕皮；中层拥挤，细胞增殖旺盛，毛细血管成网，神经装置密布，其中有毛囊、汗腺、皮脂腺；皮下组织疏松，容易储备，大神经、血管从容穿行，脂肪物质随意存取。

皮肤血管能容纳心脏输出血液总量的30%以上，需要时可输出供机体应急之用；复杂的血管网络组成了一个有效的散热系统，可散发体热的50%左右。

皮肤有保护、调节体温、吸收、排泄作用。比如，皮肤的表皮能防止病菌侵入，真皮很有弹性和韧性，能耐受一定的摩擦和挤压，皮下脂肪组织能缓冲机械压力，正常情况下，皮肤呈酸性，具有很强的杀菌能力。

皮肤含有丰富的感觉神经末梢，因此，能感受冷、热、触、痛等刺激，通过神经调节做出相应的反应，避免了对身体的损伤。俗话说“十指连心”，也是这个道理。

人体皮肤根据其生理状态通常可分成五种类型，即干性皮肤、油性皮肤、中性皮肤、混合性皮肤和敏感性皮肤。

干性皮肤皮脂分泌减少，皮肤角质层所含水分低于10%，表现为皮肤纹理较细致，毛孔不明显，弹性弱，缺乏光泽，皮肤干燥，可有粉状脱屑。这种皮肤对外界刺激敏感，易衰老，常见于老年人皮肤和衰老性皮肤。日常生活中应该注意防晒，多摄取水分，不要用太热水洗面，选用滋润性强的护肤品。

油性皮肤角质层含水分量正常，皮脂分泌量多，表现为面部油腻发亮，毛孔粗大。这种皮肤对外界刺激的耐受性好，不易衰老，不易生皱纹，常见于青年人和中年人。日常生活中应该注意皮肤清洁，多吃蔬菜、水果，饮食清淡，生活有规律，选择清爽、平衡油脂分泌的护肤品。

饮食清淡

中性皮肤角质层的水分和皮脂分泌量保持平衡状态，特点是厚薄适中，纹理细腻，毛孔细小，光滑柔软，富有弹性，对外界刺激不太敏感，这种类型皮肤常见于青春发育期的儿童。

趣话故事

没有血液的皮肤是乳白色的，贴近血管的表皮又有点发红，体内一种黄色素让皮肤又呈现出一点黄色，皮肤受到紫外线大量照射的地方又会出现黑色。这四种颜色按照不同比例搭配，就形成了世界上白、黄、黑三种人种。

科学统计

人体的全身皮肤相当于人体重量的20%，成年人皮肤总面积平均为17平方米，每平方厘米皮肤平均由200万个细胞组成，内含1600条神经，几百个神经末梢，10个毛囊，15个皮脂腺和约100厘米的血管。人体皮肤表面在6.5平方厘米的面积内，有3200万个细菌在蠕动，附在人体表面的细菌——大约有1000亿个，相当于全球人口总数的20倍。一个体格健壮的成年男性，在1小时内约有60万个皮肤细胞脱落，1年内细胞脱落的总重量为0.7千克，到了70岁时失去皮肤细胞总重量约50千克。

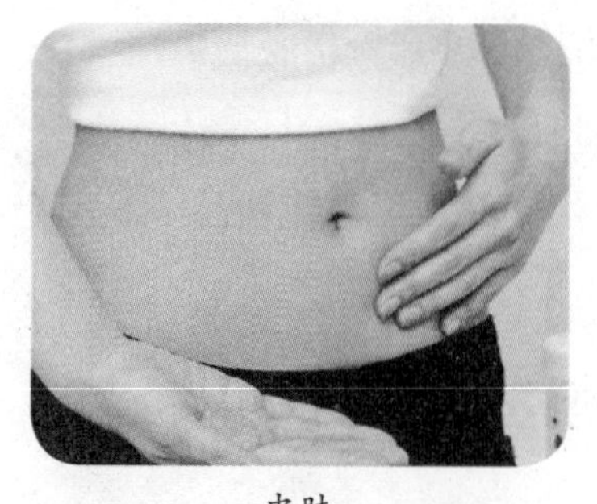
皮肤

在人的一生中，总共约有18千克的皮肤要以碎屑的形式脱落。大约经过27天，全身的表皮就会全部换了一件“新衣”。成年人皮肤里水分一般占60%，初生婴儿高达80%。

皮肤可以感觉出下凹1/1000厘米的触压，初为人母的妈妈甚至能用嘴感觉出自己婴儿前额0.0006℃的温差变化。

皮肤表面散布着触点，每个手指皮肤中藏有2000 多个感觉神经，帮助人们辨别不同的刺激。

7. 血液的颜色和血型

血的颜色

你们知道吗

爸爸妈妈，我们都知道全身血管中流淌着红色的血液。可以说生命没有血液的滋养，各种器官的强大功能就发挥不出来。

你们了解白血病，你们了解血液中造血干细胞的神奇作用吗?

由来历史

每个人体内的血液都是自己体内产生的，不是由母体血液流入胎儿血管先天带来的。血液的生成很有趣，就像田径场上的接力跑，参与者有胚胎的卵黄囊、肝、脾、肾、淋巴结、骨髓等。

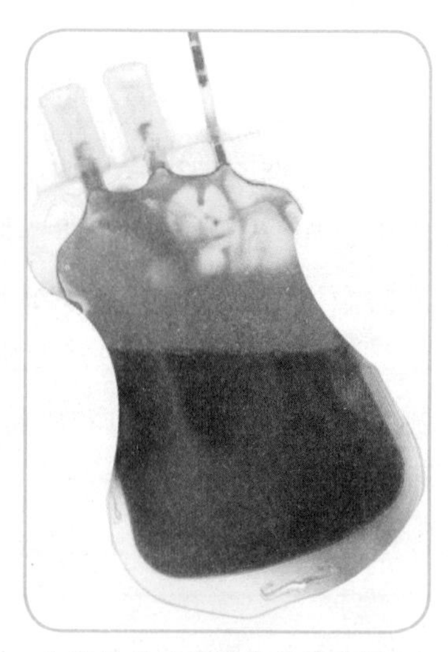
血液是循环系统中的液体组织

血液由血浆和血细胞组成，是人或高等动物体内循环系统中的液体组织，对维持生命起重要作用。血液的颜色是有差别的。

人体血管有动脉、静脉两类，人体动脉多处于身体的较深部位，肉眼不易看到；静脉一般分布在身体的表浅部位，如在肘部、手背、大腿和脚面这些极易看到的部位。

血液分为动脉血和静脉血。血液中的红色来自红细胞内的血红蛋白，动脉血的血红蛋白含氧量多呈鲜红色。在耳垂或指尖部等动脉末梢部位取血或皮肤受外伤后流血常显红色或鲜红色，此外略有贫血的患者血液也多显鲜红色；静脉血含有较多的二氧化碳和其他代谢产物而颜色暗红。通常献血抽的是静脉血，所以外观看上去呈暗红色。做血液化验时多从肘部静脉抽血，因此，抽出的血液常为暗红色或黑红色，此时也可表明血液中含红细胞和血红蛋白较多。此外，当血液浓缩时或患有肺心病的病人静脉血可呈黑紫色。

如果血中含较多的高铁血红蛋白或其他血红蛋白衍生物，则呈紫黑色。血浆（或血清）因含少量胆红素，看上去呈透明淡黄色；若含乳糜微粒，则呈乳白浑浊；若发生溶血，则呈红色血浆。

常见血液病有白血病、贫血等疾病。

血液能够不断新陈代谢。这是因为骨髓中的造血干细胞，通俗地讲，造血干细胞是指尚未发育成熟的细胞，是所有造血细胞和免疫细胞的起源。

在医学上，造血干细胞被称为“万用细胞”、“多能干细胞”，具有自我复制和多向分化潜能的原始细胞，是机体的起源细胞，是形成人体各种组织器官的祖宗细胞。

趣话故事

1847年，德国病理学家鲁道夫·魏尔啸首次识别了白血病。白血病的病源是由于DNA变异，使骨髓中造血组织不能正常工作。白血病病人体内不成熟的白血球妨害了骨髓的其他工作，使骨髓生产血细胞的功能降低。白血病可以扩散到淋巴结、脾、肝、中枢神经系统和其他器官。

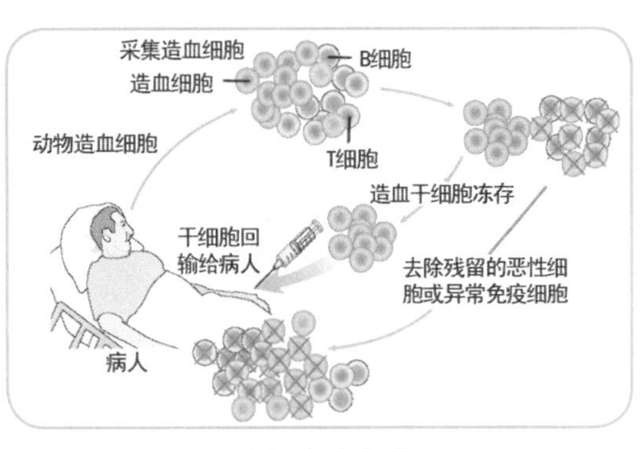

干细胞的应用

为了让病人尽快恢复造血功能，挽救生命就需要输入造血干细胞，也就是常说的骨髓移植。

科学统计

遍布我们全身的微细血管，可覆盖680平方米的面积。而人体内所有血管连接起来，长度可达16万千米。

人体内的血液量大约是体重的7%～8%，如体重60千克，则血液量约4200～4800毫升。各种原因引起的血管破裂都可导致出血，如果失血量较少，不超过总血量的10%，则通过身体的自我调节，可以很快恢复；如果失血量较大，达总血量的20%时，则出现脉搏加快，血压下降等症状；如果在短时间内丧失的血液达全身血液的30%或更多，就可能危及生命。

血液的温度为37℃，密度为1.050～1.060×103千克/立方米，红细胞的密度为1.090×103千克/立方米，血浆的密度为1.025～1.030×103千克/立方米。血液也是有黏稠度的，即血液在血管内流动的粘滞力，主要取决于红细胞的数量和血浆蛋白的浓度。全血的相对黏稠度为纯水的4～5倍，血浆为1.6～2.4倍，血清黏稠度为1.5倍。血液的pH为7.35～7.45，静脉血因含较多的二氧化碳，pH较低，接近7.35，而动脉血则接近7.45，常人血浆在37℃时渗透压为7.6大气压。

血液也有型号

你们知道吗

爸爸妈妈，你们一定知道自己的血型，也很关心我的血型是否符合常理吧。人们现在都知道A型、B型、AB型、O型四类血型。

那么，你们知道血型系统是怎么被发现的，其中蕴藏着什么神奇的秘密吗？

由来历史

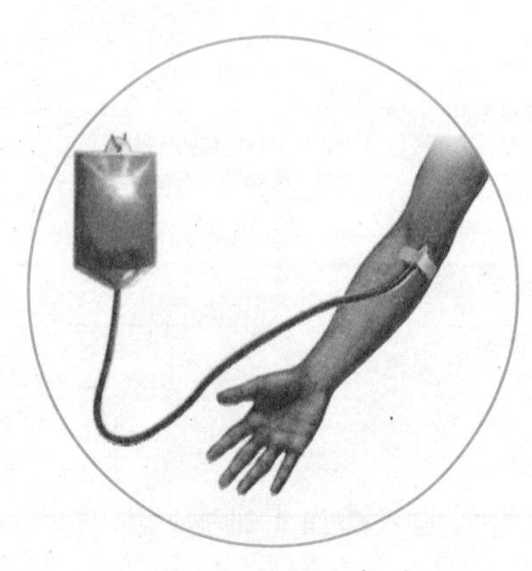

输血可挽救生命

血液的类型称血型，是一种遗传性状。实际上，血型在人类学、遗传学、法医学、临床医学等学科都有广泛的实用价值。同时，研究发现动物也有血型。

据记载，在17世纪80年代的英国，有位医生曾经给一个生命垂危的年轻人输羊血，奇迹般挽救了他的生命。其他医生纷纷效仿，结果造成大量受血者死亡。

19世纪80年代，北美洲的一位医生给一位濒临死亡的产妇输人血，产妇起死回生。医学界再次掀起输血医疗热，却带来了因输血而导致的惊人死亡率。

直到20世纪初，人类才打开了科学输血的大门，最早认识的血型系统是ABO血型系统。

血型的发现开创了免疫血液学、免疫遗传学等新兴学科，对临床输血工作具有非常重要的意义。血型系统也曾广泛应用于法医学以及亲子鉴定中，已逐渐被更为精确的基因学方法所取代。

趣话故事

1900年，奥地利维也纳大学病理研究所的研究员卡尔·兰德施泰纳发现：健康人的血清对不同人类个体的红细胞有凝聚作用。如果把取自不同人的血清和红细胞成对混合，可以分为A、B、C（后改称O）三个组。后来，他的学生又发现了第四组，即AB组。

数年后，兰德施泰纳等人又发现了其他独立的血型系统，如MNS血型系统、Rh血型系统等。1930年，兰德施泰纳获得了诺贝尔生理学或医学奖。

兰德施泰纳

兰德施泰纳把每个人的红细胞分别与别人的血清交叉混合后，发现有的血液之间发生凝集反应，有的则不发生。他认为凡是凝集者，红细胞上有一种抗原，血清中有一种抗体。如抗原与抗体有相对应的特异关系，便发生凝集反应。如红细胞上有A抗原，血清中有A抗体，便会发生凝集。如果红细胞缺乏某一种抗原，或血清中缺乏与之对应的抗体，就不发生凝集。

根据这个原理他发现了人的ABO血型。后来他又把不同人的红细胞分别注射到家兔体内，在家兔血清中产生了3种免疫性抗体，分别叫做M抗体、N抗体及P抗体。用这3种抗体，又可确定红细胞上3种新的抗原。这些新的抗原与ABO

血型无关，是独立遗传的，是另外的血型系统。而且M、N与P也不是一个系统。控制不同血型系统的血型基因在不同的染色体上，即使在一个染色体上，两个系统的基因位点也相距甚远，不是连锁关系，因此是独立遗传的。

科学统计

几十年来，新的血型系统不断被报道，由1935年成立的国际输血协会专门负责认定与命名工作。得到承认的30种人类血型系统超过600种抗原，但其中大部分都非常罕见。

目前，血型一般常分A、B、AB和O四种，另外还有Rh阴性血型、MNSSU血型、P型血、ab型血和D缺失型血等极为稀少的10余种血型系统。其中，AB型可以接受任何血型的血液输入，因此被称作万能受血者，O型可以输出给任何血型的人体内，因此被称作万能输血者、异能血者。

8. 血液循环的妙处

你们知道吗

爸爸妈妈，我们身体内的血液在按照各自路线不断流动着，这就是血液的循环。体内的物质营养运输就是通过血液循环实现的。

可你们知道人类发现血液循环的漫长曲折过程吗？

由来历史

亚里士多德的雕像

血液循环是血液在心脏与全部血管的完整封闭式管道中，作周而复始的流动。心脏是血液循环的动力器官，血管是血液运行的主要干道。

血液循环现象的发现是一个漫长的过程。

古希腊哲学家希波克拉底（约公元前460～公元前377年）认为人体由血液、粘液、黄胆和黑胆四种体液组成，脉搏是血管运动引起的，而且血管连通心脏。他由此提出“体液学说”。

古希腊著名学者、哲学家亚里士多德（公元前

384 ~ 公元前322年）认为人体内（血管内）充满着空气。

古希腊的医生、解剖学派创始人赫罗菲拉斯（公元前335 ~ 公元前280年）在解剖人体时最早发现了血管，并第一个对动脉和静脉作了区别：动脉有搏动，静脉没有搏动。

古希腊的著名解剖学家埃拉西斯特拉特（公元前304 ~ 公元前250年）用肉眼详细观察了动脉和静脉在人体全身的分布，甚至注意到了微血管的状态。他第一个精确地描述了心脏的半月瓣、三尖瓣和二尖瓣等结构，对心脏和血管系统之观察研究，给后人留下宝贵资料。

古罗马医学家盖伦（129 ~ 199年）研究过解剖学，认为血液的流动是以肝脏为中心的，血液在人体内像潮水一样流动，而被身体所吸收。盖伦提出的“血液运动”理论认为，心脏的中隔上有人们肉眼看不见的小孔，血液通过小孔从心脏右侧到心脏左侧，再流经肺部；血液在血管中缓慢地来回流动，开始向这一方向，接着又向相反方向，如此往复循环。由于盖伦是医学界的最高权威，因此1000多年来，人们都信奉血液理论。直到16世纪中叶，才有人对此产生了质疑。

叙利亚大马士革的医学家纳菲（1213 ~ 1288年）对盖伦的血液循环学说进行了积极的批判，提出“血液小循环（肺循环）”理论，认为血液的流程是右心室→肺动脉→肺（交换空气）→肺静脉→左心（房）室。但他的学说被淹没了700多年，直至20世纪才重新被世人在布满尘埃的档案中发现。

莱昂纳多·达·芬奇（1452 ~ 1519年）经过研究认为血液对人体起着新陈代谢的作用，血液把养料带到身体需要的各个部分，再把体内废物带走。他发现心脏有四个腔血液。

达·芬奇

1543年，比利时医生安德烈·维萨里（1514 ~ 1564年）经过5年的努力，以大量、丰富的解剖实践资料，对人体的结构进行了精确的描述。维萨里认为人体的所有器官、骨骼、肌肉、血管和神经都是密切相互联系的，每一部分都是有活力的组织单位。他的观点引起教会的不满，西班牙宗教裁判所诬陷维萨里用活人做解剖，判处他死罪。由于国王出面干预，他才免于死罪，后在航行中遇险身亡。

西班牙医生米凯尔·塞尔维特（1511～1553年）是维萨里的同学，他通过解剖发现：血液从右心室流入肺部，经空气净化后，通过曲折的路径，鲜红的血液又从肺流入左心室。1553年10月，他在日内瓦被当作“异教徒”活活烧死，终年42岁。

血液的全身流动，就像一支“运输队”，运输体内所需的营养物质和代谢废物，维持机体内环境的相对稳定。一旦血液停止循环，机体各器官组织将因失去“弹药”供给发生新陈代谢障碍，体内器官结构、功能也会受到破坏或损害。

血液循环的途径分为体循环和肺循环，循环系统组成分为开放式和封闭式。血液由左心房泵出，流经大、中、小、微动脉直到组织细胞周围的毛细血管网，将氧和营养物质输送给全身的组织细胞，并将组织细胞的局部代谢产物运走，再通过微静脉、小静脉到上、下腔静脉，流回右心房。这部分的血液循环称作体循环。体循环的结果是将鲜红色的动脉血变成了暗红色的静脉血。

肺循环是将流回右心房的静脉血，经右心泵到肺动脉，至肺毛细血管部位与肺泡进行气体交换，摄取氧气，弃去二氧化碳，再由肺静脉流回至左心房，这就是肺循环。肺循环的结果是将右心房排出的静脉血变成了富含氧气等的动脉血。体循环和肺循环在心脏处连通在一起，组成身体的一条完整的环形运输线。血液循环一旦停止，则会造成运输障碍，脑、心、肾等是对缺血缺氧最敏感而耐受力又低的重要器官。尤其是大脑，缺血3～10秒会意识丧失，缺血5～10分钟就会出现不可逆性损害或死亡。人体还有微循环系统，是在微动脉与微静脉之间微细血管中进行的血液循环，只有借助显微镜才能看到迂回、交错的循环网。

毛细血管与组织细胞直接接触，管壁仅由一层细胞构成。这层细胞的间隙可允许一些物质通过。毛细血管的腔也特别细小，最细的毛细血管管壁不过只有一个上皮细胞围成。毛细管腔内的血液流动也特别缓慢。毛细血管数量大，分布广泛。例如，一个70千克体重的人，如果将全身肌肉中的毛细血管连接起来，长度足够绕地球一圈的。

微循环血液速度调节与局部组织代谢产物的浓度有关。例如，当代谢产物较少，局部的毛细血管网处于关闭状态，血液减少。待局部代谢产物蓄积后，毛细血管网便开放，加快血流速度，运走蓄积的代谢物。

趣话故事

17世纪，英国医生威廉·哈维（1578～1657年）在帕多瓦学习时，从老师哲罗姆·法布里修斯（1537～1619年）发现的静脉瓣中受到启发，做了绑扎人体上臂血管和计算血流量的实验。他发现：当丝带扎紧人的上臂时，丝带下方的静脉即靠近肢鼓起来，动脉却变得扁平；在丝带另一方，动脉膨鼓起来，静脉变平。这表明动脉和静脉中血液流动的方向相反，即一个从心脏流向肢端，一个从肢端流回心脏。他还发现动物心脏的左右两部分并不是同时收缩的，左右心房和左右心室的房室口的瓣膜是单向阀，静脉中的静脉瓣也是单向阀。这说明血液从心脏里被推送出来后，沿着动脉流到全身，又循着静脉回到心脏，瓣膜起到防止血液倒流的作用。

威廉·哈维

哈维又做了一个实验：把一条蛇解剖后，用镊子夹住大动脉，镊子以下的血管很快瘪下去，而镊子与心脏之间的血管和心脏本身却越来越胀；去掉镊子后心脏和动脉又恢复正常。接着他又夹住大静脉，发现镊子与心脏之间的静脉迅速瘪下去，同时，心脏体积变小，颜色变浅；去掉镊子，心脏和静脉也恢复正常了。

哈维还通过观察对血流量进行了计算。他发现，心脏每半小时搏送出来的血量将超过全身任何时候所含的血液总量。哈维从血流量的计算感到动脉与静脉之间的血液是相通的，血液在全身沿着一个闭合路径作循环运动。他还预言在动脉和静脉末端必定有一种微小的通道把两者联结起来。

1616年，哈维公布了自己的发现；1628年，哈维出版了《心血运动论》一书，用大量实验材料系统地阐述了自己的理论。在书中，哈维特别强调心脏在血液循环中的重要作用，通过解剖观察证明心脏的收缩和舒张是血液循环的原动力。

科学统计

大脑的血液循环停止4～5分钟，半数以上的人发生永久性的脑损害；停止10分钟，即使不是全部智力毁掉，也会毁掉绝大部分。

9. 只要有刺激，就会有反应：神经系统

你们知道吗

爸爸妈妈，我们知道人体内部有结构、功能最复杂的神经系统，使我们能感受到疼痛，假如手被热烫会马上缩回。

你们知道神经在条件反射中是如何发挥作用的吗？

由来历史

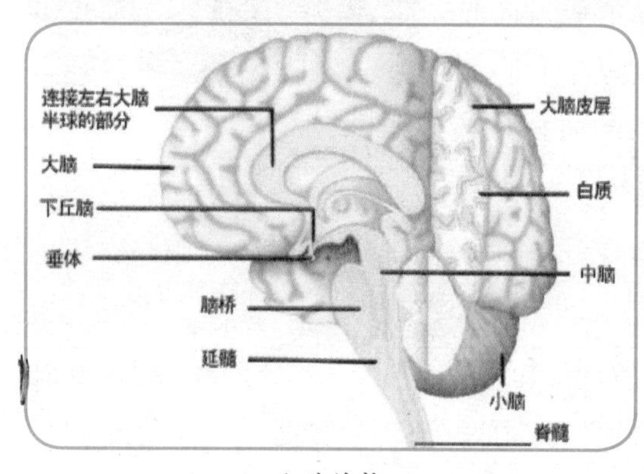

人脑结构

人脑是比脊髓更高级的中枢部分，脑由大脑、小脑、脑干组成，脑干由间脑、中脑、脑桥和延髓组成，脑干灰质中有一些调节人体基本生命活动的心血管运动中枢、呼吸中枢等中枢，被称为是“生命中枢”。

大脑皮层是调节人体生理活动的最高级中枢，可以分为不同的功能中枢，比如运动中枢、感觉中枢、视觉中枢、听觉中枢和语言中枢等。

脑神经共有12对，其中除了管嗅觉、视觉的嗅神经和视神经与大脑相连外，其他10对脑神经都与脑干相连。

脑、脊髓和它们所发出的许多神经构成神经系统的中枢部分，脑和脊髓所发出的神经构成神经系统的周围部分。

神经系统调节生命活动的基本方式就是反射。

17世纪法国哲学家笛卡儿首先提出反射概念；18世纪和19世纪上半叶，神经生理学家进一步揭示了脑干与脊髓的反射机制；19世纪60年代，俄国生理和心理学家谢切诺夫认为复杂的心理现象是脑的反射；1903年，巴甫洛夫发展了谢切诺夫的反射论思想。

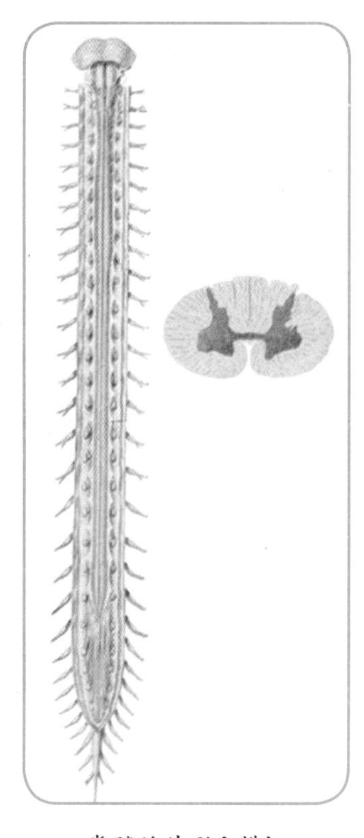
脊髓的外形和横切

反射可分为两类：一类是天生就具备的先天性的大条件反射。例如，手一碰到烫东西立即缩回，蛾子飞到眼前马上眨眼、闭眼。这种反射由大脑皮层下的较低级中枢就可完成。另一类是在生活过程中逐渐形成的后天性的条件反射。例如，成语“谈虎色变”就属于条件反射。参与反射活动的神经结构叫做反射弧，包括接受刺激的感受器、传入神经纤维、神经中枢、传出神经纤维和发生反应的效应器五部分。

人类正是运用这种条件反射理论驯化动物的。

趣话故事

100多年前，法国神经科医生布朗克发现了语言中枢。绝大多数人的语言中枢在大脑左半球，也就是说人用大脑左半球“说话”。

一天，有一个患者来找布朗克医生，不论布朗克问患者什么话，对方都一言不发。后来，病人用文字告诉医生，他在一场突发性的大病中失去了语言表达能力。布朗克对这位“有口难言”的病人深感同情，对病因也产生了极大的兴趣，非要把它弄个水落石出不可，于是坚持给患者治疗，直到患者去世为止。

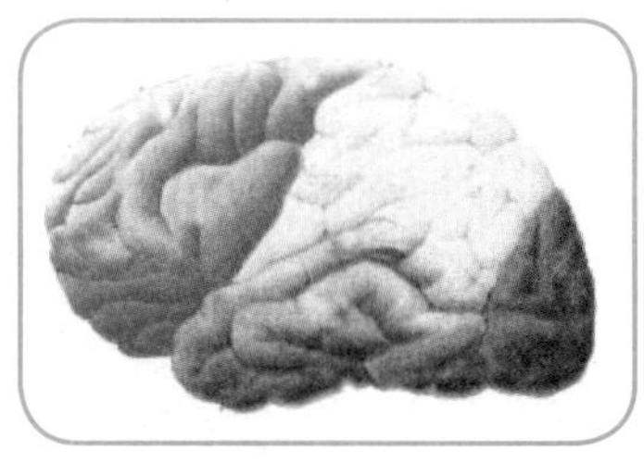
大脑半球

后来经尸体解剖，布朗克终于发现，患者的左侧大脑半球的局部发生了严重的病变。他面对这一病因所在，不禁激动地说：“原来人是用大脑左半球‘说话’的。”

经过神经生理学家的多次实验和验证，确认布朗克发现的这个区域是大脑皮层专管语言运动的中枢，取名叫运动性语言中枢，又叫说话中枢。

科学统计

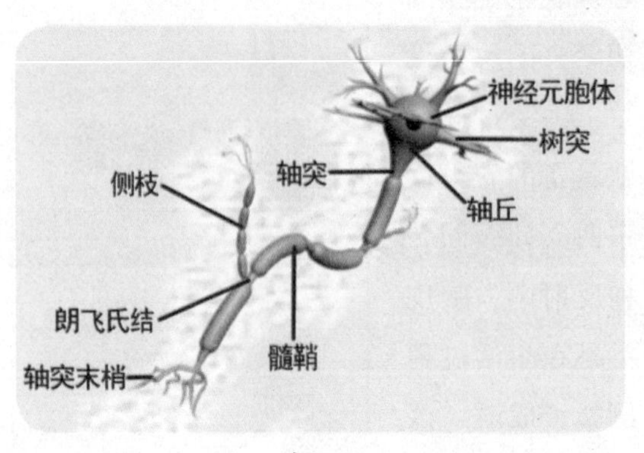

神经元

大脑皮层平均厚度约2～3毫米。皮层表面有许多凹陷的沟和隆起的回，这就大大增加了大脑皮层的总面积，据统计约有2200平方厘米。据科学家研究发现，大脑皮层沟回多的人比一般人要聪慧。大脑皮层主要由神经元的细胞体构成，共有100亿左右。

脑发出共12对脑神经，其中与脑干相连的有10对：动眼神经、滑车神经、三叉神经、外展神经、面神经、位听神经、舌咽神经、迷走神经、副神经、舌下神经；与大脑相连的有嗅神经和视神经。

脊髓发出共31对神经，分布在躯干、四肢的皮肤和肌肉里。其中，有8对颈神经，12对胸神经，5对腰神经、骶神经，1对尾神经。

10．人体的安全保卫员：免疫系统

你们知道吗

爸爸妈妈，你们知道我们人体有一套安全保卫系统，能够对疾病有免疫作用，也能够对病毒细菌有解毒作用，还有把体内毒素排除的作用。

可你们知道这个免疫保卫系统都有哪些功能和装备，又是如何发挥作用的吗？

由来历史

原始单细胞经过40多亿年长期的进化过程，形成了人类生命体。人体是大自然创造的精密的机器，有神奇的功能。人体的安全保卫系统包括免疫系统、解毒系统、排毒系统。

人体的免疫系统像一支精密的军队，24小时昼夜不停地保护着我们的健康。它是一个了不起的杰作！在任何一秒内，免疫系统都能协调调派不计其数、不同职能的免疫“部队”从事复杂的任务。它不仅时刻保护我们免受外来入侵物的危害，同时也能预防体内细胞突变引发癌症的威胁。如果没有免疫系统的保护，即使是一粒灰尘就足以让人致命。

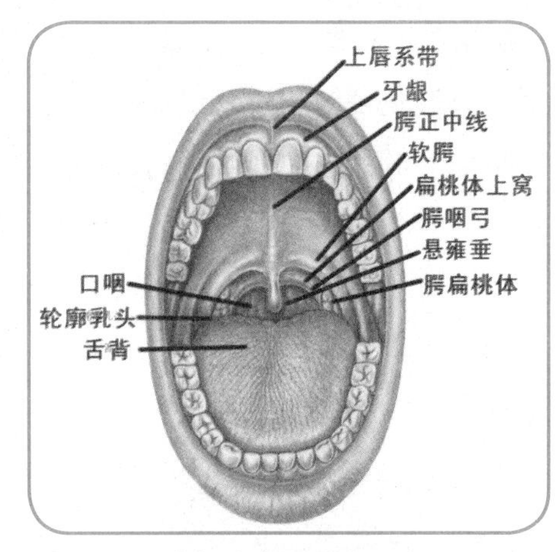

扁桃体在口腔的位置

人体内部免疫系统的功能决定着一个人的身体健康。人体的免疫部队不断抵御外来病毒、病菌和各种有害物的入侵，并消除体内病变、衰老和死亡的细胞，使人体平安无恙。人体的免疫系统主要包括淋巴器官和免疫活性细胞。比如骨髓、胸腺、脾、淋巴结、扁桃体等都是重要的免疫器官组织，免疫活性细胞是指淋巴细胞等。

免疫有以下几种分类方式：

① 非特异性免疫和特异性免疫

非特异性免疫对一切病原体都起保护防御作用。人体具有一些保护性功能，皮肤及体内各种器官的管腔壁内表面的粘膜形成了天然屏障，是人体的“长城”，可以阻挡病菌的侵入；唾液、眼泪中含有大量的溶菌酶，具有杀菌作用；血液、骨髓、淋巴结等组织中的白细胞、巨噬细胞，都能把侵入人体的细菌、病毒以及体内老死和受损的细胞及肿瘤细胞吞吃、消化掉，等等。

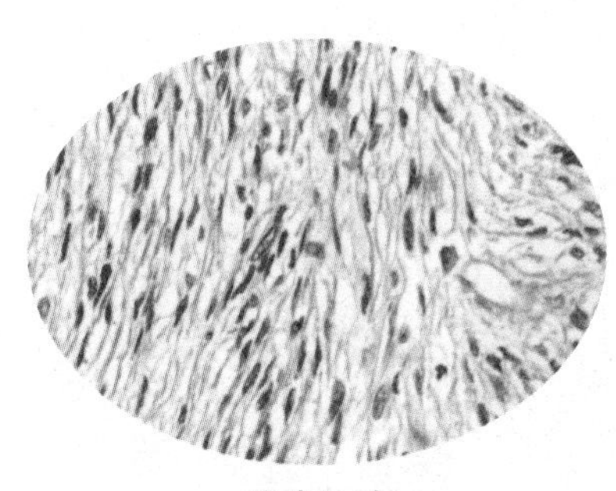
肿瘤细胞

特异性免疫通常只对某一特定的病原体或异物起作用，是依靠人体的免疫活性细胞来行使。

② 细胞免疫和体液免疫

细胞免疫是依靠胸腺释放一种“长寿”的小淋巴细胞，叫做“T细胞”。它可以直接攻击并消灭入侵的病菌、病毒等；也可以促使巨噬细胞去吞噬这些病原体；它还能阻碍肿瘤细胞的生长。

体液免疫与脾、淋巴结释放的一种小淋巴细胞（简称“B细胞”）有关，B细胞和入侵的病原体接触后变为浆细胞。B细胞和浆细胞都能产生“免疫球蛋白”抗体，它能中和、沉淀、杀死和溶解入侵的病原体。

脾脏是机体最大的淋巴器官，占全身淋巴组织总量的25%，含有大量的淋巴细胞和巨噬细胞，是机体细胞免疫和体液免疫的中心。因此，脾脏同样具有杀毒、免疫功能：

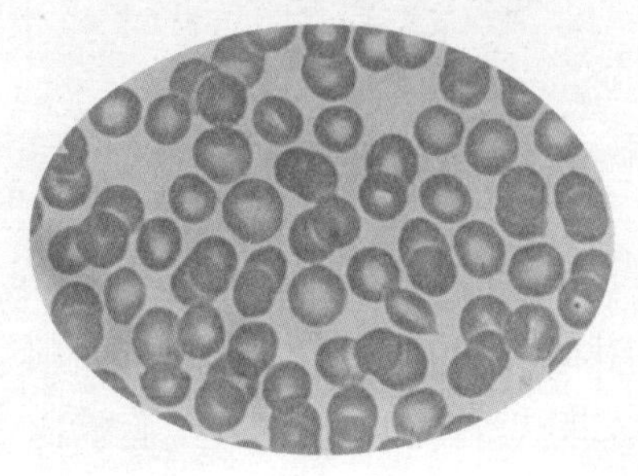
淋巴细胞

① 净化血液功能

体内的血液每天大约要从脾脏流过30 ~ 50次。脾脏血窦里的吞噬细胞就像严格的检查卫士一样，不断检出衰老伤残的细胞及血小板，并将其吞噬消灭掉。同时将红细胞中的铁收集起来，输出至骨髓，重新用于造血。

② 细胞免疫大军营

人体的许多免疫淋巴细胞、杀伤细胞和自然杀伤细胞大量驻守在脾脏，一旦人体的某个部位遭受病菌的侵犯，这些免疫卫士们就从这里出发奔向感染部位，杀伤敌人，平息战事。

③ 体液免疫武器的兵工厂

多数的免疫球蛋白、补体、调理素、备解素等体液免疫武器都在脾脏生产。一旦体液里出现毒素、细菌和有害抗原时，它们就及时出击。

肺吞噬细胞吞噬大肠杆菌

人体还有一套防毒、解毒、排毒系统，可以担任消除毒素的重任，这套系统由肝脏、肾脏、肠道、皮肤、肺脏等，其中肝脏是最重要的解毒器官。

皮肤是人体最大的排毒器官，能够通过出汗等方式排除其他器官很难排除的毒素；肾脏也是人体最重要的排毒器官，它能过滤掉血液中的毒素并通过尿液排出体外。

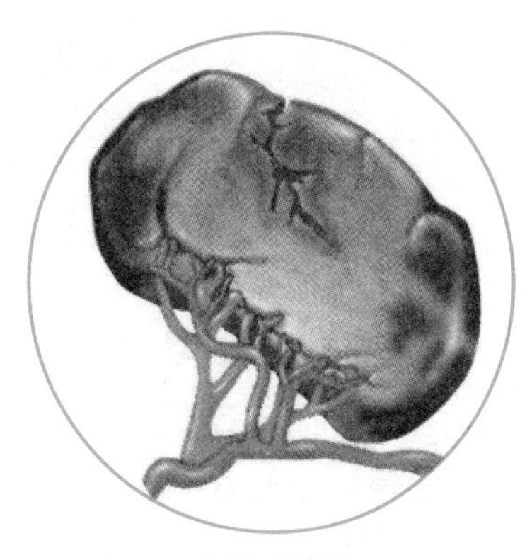
受伤的脾脏

人体内99%的代谢反应都是要排除毒素，这些反应都需在肝脏中进行。肝脏每天日夜不停地进行各种生化反应，是身体最辛苦的排毒器官。血液流经肝脏时，一些毒素、细菌、病毒及代谢废物等有害物质可被肝脏产生的酶进行氧化还原分解，然后以无害物质的形式分泌到胆汁或血液中，继而排出体外。

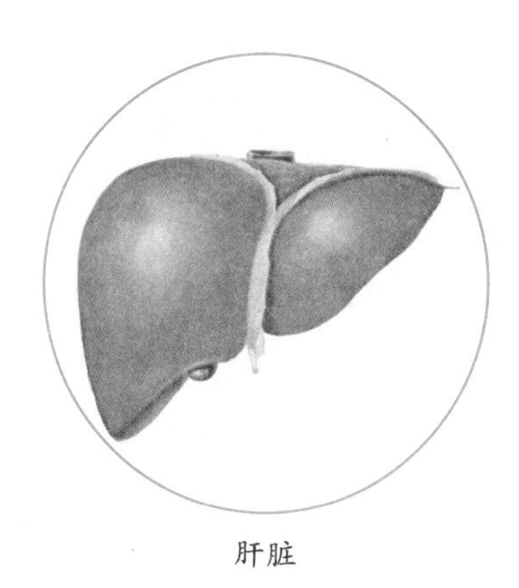
肝脏

肝脏中没有神经，受到损伤时不会疼痛。如果“中毒”太深，造成肝脏、肾脏负担过重，就会引起脏器中毒、脏器衰竭。

有人把肝脏比喻为体内的化工厂，肝内进行的生物化学反应超过500 种，包括氧化作用、还原作用、羟基作用、硫化作用、脱胺基作用、去碱化作用、加甲基化作用，等等。可以说，它既会加工制造，又会垃圾处理，还擅长毒物管控。

趣话故事

科学家研究发现一种特殊蛋白质，用来启动免疫系统。

组成脊椎动物免疫系统的细胞中，作用之一是发现和消灭病毒、细菌、寄生虫、癌细胞等机体中出现的致病因素。其中神经细胞树突是最不可替代的，它们被称为免疫系统的“小哨兵”，在与机体中的致病因素战斗胜利后，淋巴结中就会出现抗体，机体就不再受同一种致病因素的伤害。

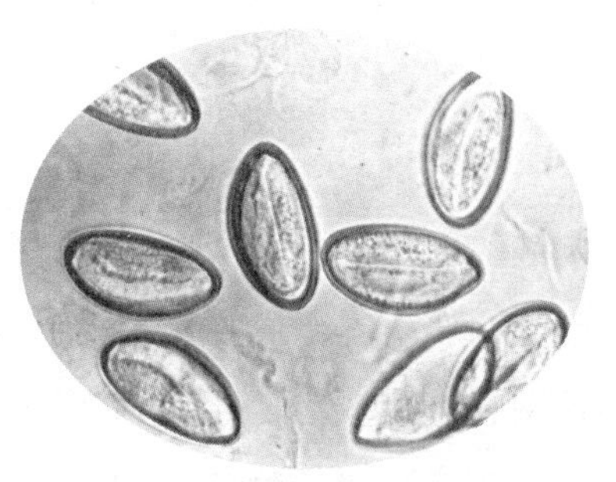
人体寄生虫——蛲虫

哺乳动物体内还有一种蛋白质可驱动淋巴细胞消灭入侵的病菌，可用于开发治疗艾滋病等疾病的药物。

蛋白质在耐药性方面扮演了至关重要的角

色。一种代号为ATR的蛋白质在DNA受损时具有“报警”功能，进而促进DNA自我修复，相当于扮演着重要的“探测器”角色。

科学统计

胸腺是发生最早的免疫器官，在胚胎20周发育成熟，到出生时胸腺约重15~20克，以后逐渐增大，到青春期可达30~40克。

人体全身共有500~600个淋巴结，是结构完备的外周免疫器官。

11. 心灵的“窗口”：眼睛

你们知道吗

爸爸妈妈，我们常说眼睛是五官之首，是“心灵的窗户”。眼睛对我们来说太重要了，我们可以看书、看电视、看电脑，以及旅游参观，可以欣赏一切无限美好的风景。

那么，你们知道眼睛是配合得最好的人体器官吗？

由来历史

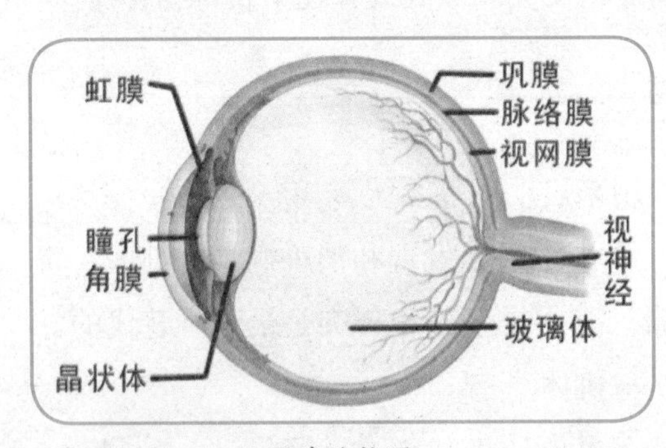

眼睛结构图

眼睛是人类直接了解客观世界的视觉器官。眼睛的角膜是一层透明的薄膜，有丰富的神经末梢；虹膜是棕黑色的环形薄膜；瞳孔是外界光线进入眼球内部的唯一通道。

眼球的脉络膜含色素细胞，就像相机的暗箱。虹膜环中有放射状排列的平滑肌，可舒缩调节瞳孔大小。在虹膜和瞳孔后面，还有扁平的、富有弹性的玻璃体，可改变光线折射角度，最后使物象聚焦于底片——眼球后壁的视网膜上有感光细胞，可将信号传入大脑而产生视觉。

有意思的是，眼睛的两只眼球间的密切合作是最默契的。

如果一个眼球朝上看，那么另一个决不能朝下；一个朝右看，另一个就决不能朝左，它们这种步调的一致性堪称身体器官之最了。

原来，牵动每个眼球的有六条肌肉，叫眼外肌。眼外肌每条都有自己的名称和作用：上面的一条叫上直肌，下面的叫下直肌；里面的一条叫内直肌，外面的一条叫外直肌；上面有条斜的叫上斜肌，下面斜的叫下斜肌。两个眼球就有六对眼外肌，它们都受大脑的统一指挥。当大脑发出指令“向右看”时，右眼的外直肌和左眼的内直肌就拉紧，而右眼的内直肌和左眼的外直肌就放松，从而使两个眼球都向右转。因此，人们的眼睛虽然有两只，但由于密切合作，形影不离，所以看物体时总是一个。

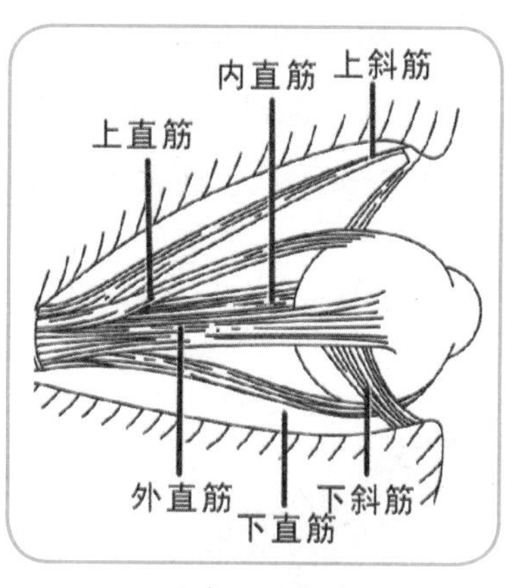

眼外肌示意图

趣话故事

你发现了吗？每到寒冷的冬天，即使眼眉结冰睫毛上霜，同样暴露在外的眼睛却丝毫没有一点冷的感觉。这是为什么呢？

原来构成眼球的角膜、结膜、巩膜上虽然有极丰富的触觉和痛觉神经，却没有感觉冷热的神经。更重要的是，角膜和巩膜是缺少血管的透明组织，几乎没有散热作用，对寒冷的传导有缓冲作用，而眼皮也能给眼球热量。所以，眼球虽然露在外面却一点不怕冷。

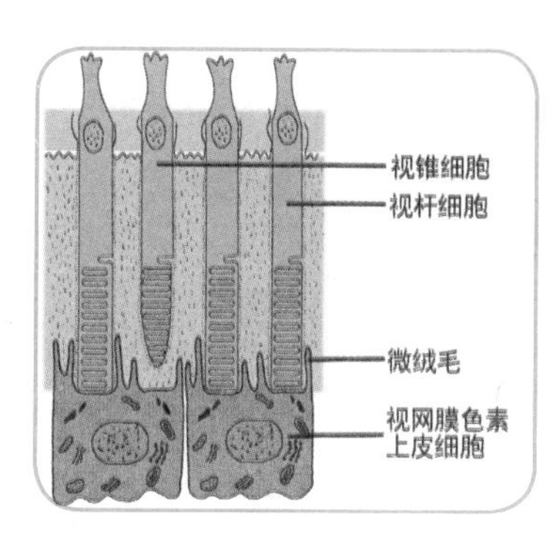

视杆细胞

科学统计

每只眼睛约含1.2亿个视杆细胞，它给人以黑、白视觉，还含有700万个视锥细胞，它为人提供色觉，形成“彩色”则是人脑综合处理的结果。

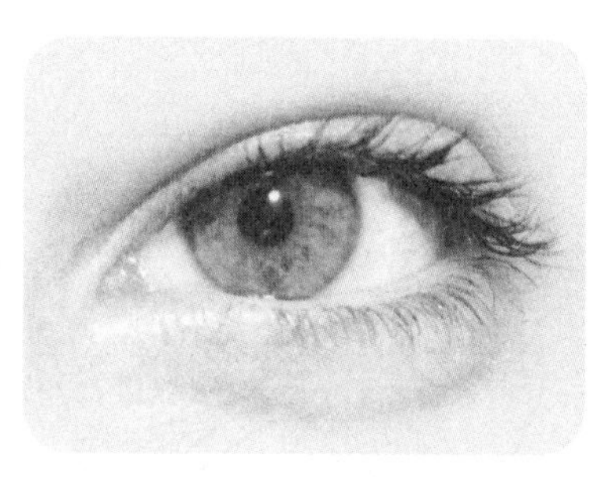
人眼可以识别800种色调

人眼可以辨别超过800万种深浅不同的色调。当人的眼睛发现一个物体，再将其信号送到大脑辨识，所需的时间为0.05秒。人眼一年中上下左右的运动至少有3600万次，而眼皮开合有9400万次。

12. 泪水为什么是咸的

你们知道吗

泪水有一种苦涩的味道

爸爸妈妈，你们在高兴时一定会流出眼泪，也因为伤心掉过眼泪。而且你们也知道眼泪有一点苦涩的味道。

你们知道流泪对于人体有什么作用吗？泪水里含有什么，为什么给人的感觉是苦涩的呢？

由来历史

泪水是一种由泪腺所分泌的弱酸性、透明、无色液体。

人在悲痛、伤心的时候会流眼泪，人在高兴的时候也会流眼泪。

每个人的眼睛里都有制造眼泪的 “泪腺”，它在眼球的外上方，有小手指头那么大。它每天不停地制造着泪水。也许我们都想不到，眼泪的原材料是血液，由泪腺加工后制成。因血液里有盐的踪迹，泪水里很自然地含有盐，所以，眼泪是咸的。

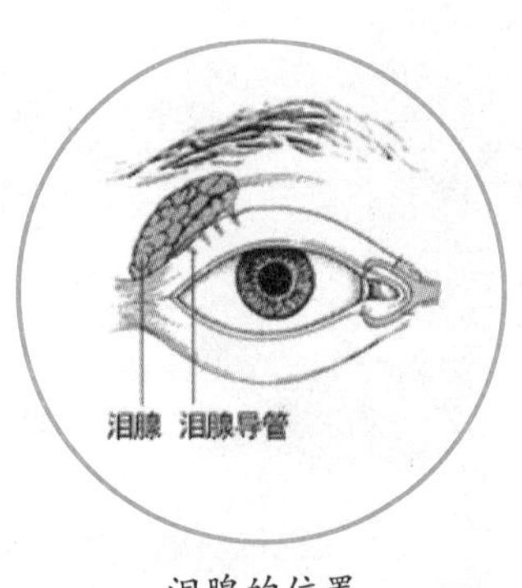

泪腺的位置

眼泪有清洁眼睛的作用

流泪分两类：反射性流泪和情感性流泪。在情感性流泪中含蛋白质比反射性流泪多，并且情感性流泪有一种类似止痛剂的化学物质。眼泪中的乳铁蛋白、β－溶素等都具有防卫功能，能抑制细菌生长。此外，眼泪的分泌会促进细胞正常的新陈代谢，不让其形成肿瘤。还有一点，反射性流泪的含盐度比情感性流泪的含盐度高。

眼泪有润滑、清洁、消毒作用。比如，抗菌物质钻进眼睛里的细菌经泪水的冲洗，就可以被消灭，以保证眼睛的清洁卫生。

趣话故事

传说沱泉是佛祖眼泪点化而成的。

很久很久以前，川中大地连年大旱，河水干涸，庄稼无收，树木枯死。瘟疫肆虐着每一个村落，到处都是饿死、病死的百姓。

一日，云游的佛祖来到此处，见到这个情形，流下一滴眼泪。泪水入土而化，润泽了一棵柳树的种子。种子借助神奇的力量，破土而出，转瞬间便长成一棵参天大树，树枝最高处挂着一颗晶莹的泪珠。

佛祖告诉灾民说可用树根充饥，以树皮治病，然后就飘然离去。

从此，百姓们每天吃树根、啃树皮，不再挨饿。次日，柳树又会长出新的树根和树皮。被瘟疫感染之人只要吃了树皮，就能不治而愈。然而，上天依旧不降一点雨，灾情还是那么严重。

佛祖回到西天后给了观音一个玉净瓶，让她前去解救百姓的危难。佛祖说众生只有自省和觉悟了，才能彻底化解这番劫难，还需点化才可。

观音驾青龙腾云而来，所到之处，微风轻扬。她来到长出参天柳树的地方，轻轻摘下垂泪的柳枝，插入净瓶中，泪珠顺着柳枝滑入瓶底。

柳树瞬间叶黄根枯，倒了下去。

百姓们眼见观音菩萨从天而降，纷纷奔跑过来，又是跪拜，又是祈求。

“菩萨施些雨下来吧！”

“菩萨可怜可怜我们吧！”

观音菩萨从玉净瓶中取出柳枝，在地上轻点了一下。干涸的土地立刻出现一眼泉井，不断涌出清凉的泉水。

干渴已久的百姓争先恐后地扑向泉井，你争我夺，各不相让，一片混乱。没抢到水的人开始恶毒地咒骂，抢到水的人喝上一口后，又马上吐了出来。原来这水又苦又涩，根本不能喝。

百姓们跪拜下来，责问菩萨为何井水这么苦?

观音菩萨失望地飘走，声音由远及近在空中飘荡：“我佛慈悲，这井水是佛如来的泪水，本就苦涩，你们内心充满自私、贪婪、嫉妒、仇恨，这水自然也就充满了自私、贪婪、嫉妒、仇恨之味啊！”

大家顿时羞红了脸，纷纷痛悔于自己当初的行为。他们互相道歉，你谦我让地开始有序取水。神奇的泉水转眼变得甘甜可口。

看到这个和睦的场面，观音菩萨满意地点头，乘龙归去。

青龙腾空，大雨倾盆而下。青龙所过之处，地上形成一条蜿蜒曲折的江河。这一年，百姓们迎来了大丰收。

百姓们为了感谢佛祖的恩德，遍种柳树，用自家好粮和泉水酿成美酒，虔诚地供奉神灵。从此，这里每年都会酿酒，每年都会栽种柳树。习俗代代相传，一直延续至今。

眼药水

科学统计

泪道由泪小点、泪小管、泪囊和鼻泪管组成。泪小点在上、下眼睑缘内侧各有一个，眼泪由泪小点进入像下水道一样的泪小管，通过长约10毫米的泪小管进入泪囊。泪囊专门是用来收集和贮存泪液的，防止泪液外流。泪囊大小大约为12×6毫米，泪囊的下方有一根长12～24毫米、直径3～6毫米的管子直通鼻腔，这就是鼻泪管，泪囊中的眼泪通过鼻泪管进入鼻腔。所以，当我们点眼药水时，要用手指按住鼻根部，就是为了防止眼药水通过鼻泪管流入鼻腔。

如果用嘴尝一尝泪水你会感觉出咸味。科学家们运用“微量分析方法”发现，在人们的泪水中，包含98.2%的水，0.6%的无机盐、蛋白质、溶菌酶、免疫球蛋白A、补体系统等其他物质。

13. 声音的“接收器”：耳朵

你们知道吗

爸爸妈妈，我们知道听觉是仅次于视觉的重要感觉器官，在人的生活中也起着重大的作用。耳朵的产生使生物可以接收各种声音信号，彼此之间可以相互联络。

你们知道耳屎是保护耳朵的佳“药”吗？

由来历史

耳朵是听觉器官，由内耳、中耳、外耳组成。这三个部分在声音从自然环境中传送到人类大脑的过程中具有不同的作用。

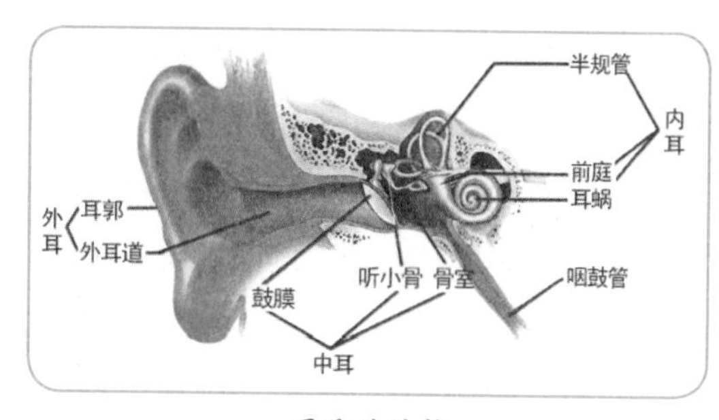

耳朵的结构

外界声波通过介质传到外耳道，再传到鼓膜。鼓膜振动，听觉是通过听小骨传到内耳，刺激耳蜗内的毛细胞而产生神经冲动，神经冲动沿着听神经传到大脑皮层的听觉中枢而形成的。

有些人总喜欢眯着眼，拿牙签、耳勺等用具在耳朵里挖来挖去，想把“耳屎”掏得一干二净。

耳屎是耳朵的外耳道常分泌的一种油脂，在医学上称为“耵聍”（dīng níng），是保护耳朵的一道防线。耳屎的味道很苦，可以驱赶钻进耳道的小虫；而灰尘进入耳朵就会被油脂粘住；耳屎还能防水，保持耳道干燥。所以，把耳屎挖去，就等于打开方便之门，让小虫、灰尘长驱而入。其次，耳屎到一定时候会自动掉出来，不需特意去挖。而且人们挖耳屎的用具不卫生，会使耳朵的外耳道感染细菌，发肿化脓；而最可怕的是还可能意外戳破耳朵内的鼓膜，发生中耳炎或引起听力减退直至耳聋。

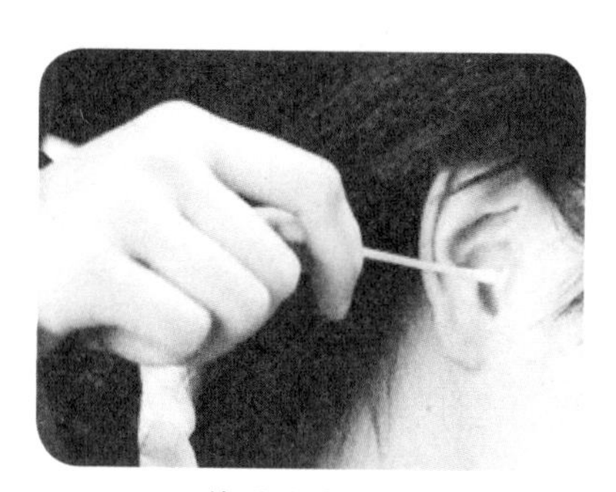
掏耳朵要小心

趣话故事

在美国有3600万耳鸣患者，他们的耳朵中周期性或不间断地响着叮叮、嗡嗡、嘶嘶以及轰鸣和口哨等声音，而听觉神经跟着不断地受刺激。这就是耳鸣现象。

耳鸣是听觉系统的错觉，常令患者痛苦不堪，即使双手捂耳，也掩盖不住耳内嗡嗡作响，有的为低音调，如风声、雨声、鸟鸣声；有的是高音调，如汽笛声，飞机火车或机器运转声。耳鸣令人心烦意乱、坐卧不宁，影响睡眠。这种疾病通常是由血流不畅引起的。

耳鸣是多种疾病引起的一种相同症状，病根较难找寻。比如，耳屎太多，有可能刺激到耳内的鼓膜，而使听觉系统感觉到有拟同生活环境中的某种熟悉音响。

也有可能除耳朵外，身体的某一组织系统有问题，产生了不正常的反应，耳神经接受到这种反射信息，通过鼓膜产生耳鸣，因人的听神经同人体的中枢植物神经等都具有生理上的“联网”功能。

耳鸣令人痛苦不堪

德国医学家用磁场阻碍实验接受者的一部分脑器官活动，发现这部分特定左脑皮层正是耳鸣声的来源。不过，尽管有2/3的接受实验者减轻或消失不明噪声，但仍有1/3的人感到耳鸣声不减，甚至还有一位实验接受者耳内的噪音不减反增。这表明，耳内噪音不是源于耳内，而是产生于大脑内部。

科学统计

人耳最为敏感的震动频率是1000～3000赫兹，所能接受的振动频率为20～20000赫兹。然而，人的听觉限度是不同的，尤其是随着年龄而变化的。例如，小孩最高可以听到30000～40000赫兹的声音。随着年龄的增长，50岁左右的老年人最高只能听见13000赫兹的声音，而年逾花甲的老年人一般只能听到1000～4000赫兹的声音。所以，小孩听来非常热闹的世界，老年人却觉得是沉寂的。

14. 不仅可以呼吸的鼻子

你们知道吗

爸爸妈妈，我们都知道鼻子可以用来呼吸空气，可以感觉气味。就是因为有了鼻子，我们能够闻到炒菜的香味，产生食欲。

可你们知道鼻子是怎样感受气味的，自然界中哪些生物的鼻子最灵敏吗？

由来历史

鼻子是嗅觉器官，由外鼻、鼻腔和鼻窦三部分组成。

鼻子内有鼻毛、毛细血管，鼻子外围富有汗腺和皮脂腺。整个鼻腔是一个口小而内腔间隙大、内部结构复杂的器官。正常人整个鼻腔黏膜部还附有许多纤毛，每分钟能以8～12次的颤动频率来清除脏物，好似昼夜辛勤劳动的清洁工。

鼻子除了有呼吸功能以外，还有很重要的嗅觉功能。生物的嗅觉功能主要包括气味识别、记忆功能、预警功能、求偶功能等。

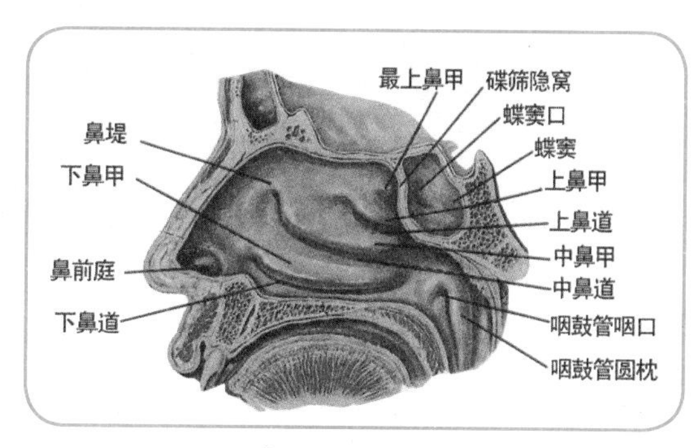

鼻子的生理结构

嗅觉是由化学气体刺激嗅觉感受器而引起的感觉。嗅觉感受器位于鼻腔后上部的嗅上皮内，感受细胞为嗅细胞。气味物质作用于嗅细胞，产生的神经冲动经嗅神经传导，最后到达大脑皮层的嗅中枢，形成嗅觉。

趣话故事

有类动物称为嗅觉动物，它们依靠高嗅觉性，进行对食物、异性、敌害的发现与识别。哺乳动物一般属嗅觉动物，在觅食行为、性行为、攻击行为、定向活动以及各种通讯行为方面都离不开嗅觉。如狗可嗅出200万种不同浓度的气味。许多动物的嗅觉感受器同视、听觉感受器一样，属于远程感受器。如狼根据气味捕食，被捕食者也通过辨认气味而躲避捕食者。

在发情期，许多雌性动物通过分泌外激素来吸引雄性。哺乳动物母子间辨认也依靠嗅觉，母畜凭借特殊的气味辨认、照料幼畜，幼畜也借助气味将其生母与其他雌畜相区别。实验表明，切除某些雌性动物的嗅觉器官会导致它们残害自己的后代，而当把雌狗的尿液涂在刚生下的仔虎身上时，雌狗便会给它们喂奶。

狗是典型的嗅觉动物

狗是人们熟知的嗅觉动物。狗的嗅觉极为灵敏，对酸性物质的嗅觉灵敏度要高出人类几万倍。犬鼻腔上部表面有许多皱褶的嗅黏膜，如德国牧羊犬为150平方厘米，而人类仅4平方厘米。犬嗅黏膜内大约有两亿个具有嗅觉功能的嗅细胞，是人类的40倍。健康的犬鼻镜始终是湿润的，这是因为湿润的鼻镜吸附空气中的悬浮气味，并将其结合在感觉乳头上，所以，犬能嗅出400～500米远的气味，能在一大堆石头中辨别出一块在人手中仅握过2秒的石头。犬不仅能精确地嗅出5升水中加入的一滴血的气味，还能分辨出10万种以上不同的气味。犬的嗅觉利用度为100%。犬主要根据嗅觉信息识别主人，辨别路途、方位、猎物和食物等。根据犬嗅觉灵敏的特点，人们常训练犬用嗅觉优势来缉毒破案，千里追踪疑犯，或茫茫林海狩猎野兽。

雌狗通过味道辨认小狗

嗅觉灵敏的缉毒犬

鲨鱼能在400米之外闻到一滴血的气味。有些鲨鱼鼻子里的小器官能探测到100万滴海水中的1滴血液的气味。它们也经常被动物排出的化学物质和下水道口排出的污物所吸引。

在石油泄漏事件中，主要浮油很容易看到，主要泄漏源也容易找到，但是，很多其他小的泄漏源不容易找到。在这种情况下，以气味为导向的机器人可能非常有用。

通过揭开鲨鱼的惊人嗅觉，可以让科学家研究出寻找墨西哥湾海域石油泄漏来源的水下机器人。

恐怖的鲨鱼靠嗅觉捕捉食物

水下机器人

科学统计

人的鼻子里约有1000万个嗅觉细胞，平均每个能嗅出4000种气味，个别香水鉴别专家最多可嗅出1万种气味。

人类的嗅觉敏感性很高，可嗅出每升空气中4×10的负5次方毫克的人造麝香，并能辨别2000～4000种不同物质的气味。

15. 美味的“品尝者”：舌头

你们知道吗

爸爸妈妈，你们知道舌头是人体中的味道“检测器”，能够检测甜、酸、苦、辣等各种味道，包含了很多能够反映人体健康状况的信息。

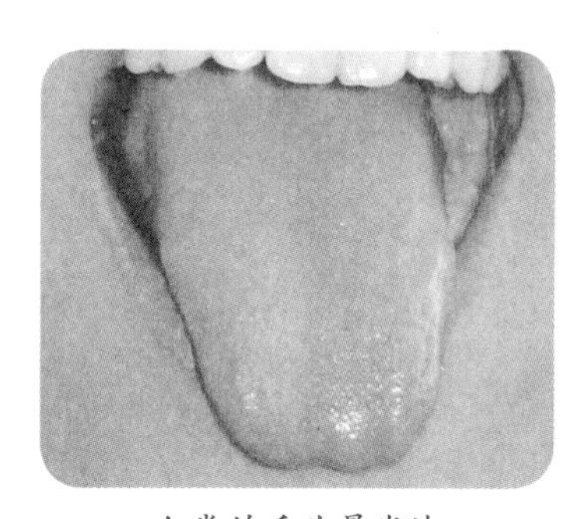

人类的舌头最发达

可你们知道舌头是怎么品尝出各种味道的吗?

由来历史

人类的舌头有举、降、伸、缩、纵、展、卷、曲等多种功能，可以算是最发达的了。

无尾两栖类舌中有发达的肌肉，可自由伸缩，并分泌黏液粘住昆虫为食；爬行类的龟和鳄的舌不能伸出口外，而蛇和蜥蜴的舌可伸出很远；鸟类的舌硬，表面被覆角化上皮，一般不可动；哺乳类的舌表面覆以黏膜，里面是三个方向排列的横纹肌，可灵活转动。

人类舌面的许多“小疙瘩”是舌乳头，包括丝状乳头、菌状乳头、轮廓乳头和叶状乳头。舌乳头上有着能专门辨别味道的结构，形状像花蕾的“味蕾”。除丝状乳头外，其他三种都有味觉感受器——味蕾。

味蕾有细长的味觉细胞，分布着感觉神经，能把味觉细胞产生的兴奋传递到大脑的味觉中枢。味蕾的结构虽然相同，但却能分辨出不同的味道。味觉一般分为“酸、甜、苦、咸”四种。不同部位的味蕾可分别感知不同味道。根据研究表明，舌尖两侧对咸敏感，舌体两侧对酸敏感，舌根对苦的感受性最强，舌尖对甜敏感。味蕾对各种味的敏感程度也不同。人类分辨苦味的本领最高，其次为酸味，再次为咸味，而甜味则是最差的。

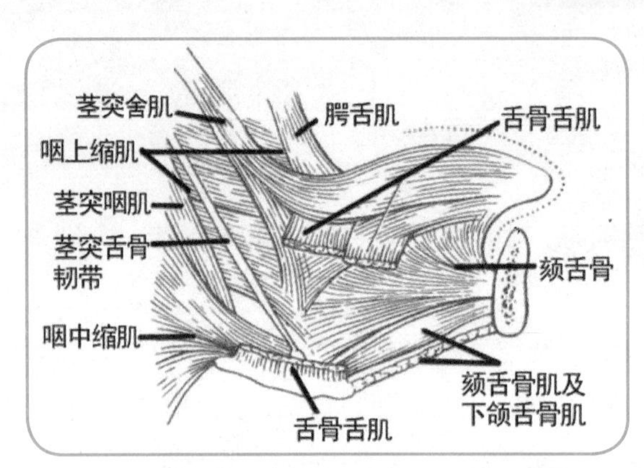

舌头的生理结构

不同的味觉对人的生命活动起着信号的作用：甜味是需要补充热量的信号；酸味是新陈代谢加速和食物变质的信号；咸味是帮助保持体液平衡的信号；苦味是保护人体不受有害物质危害的信号；而鲜味则是蛋白质来源的信号。

味觉细胞并不是“单打一”，而是“协同作战”。

趣话故事

舌头不但能分辨出各种味道，而且还是内脏的一面镜子。中医看病总要病人伸出舌头观察一下，以帮助明确诊断，这叫“舌诊”。中医认为：舌为心之苗，肝、脾、肾之经，也与舌体相连。看舌质可以辨出脏腑的虚实，望舌苔可察病邪的深浅和胃气的强弱。这是因为舌头上皮细

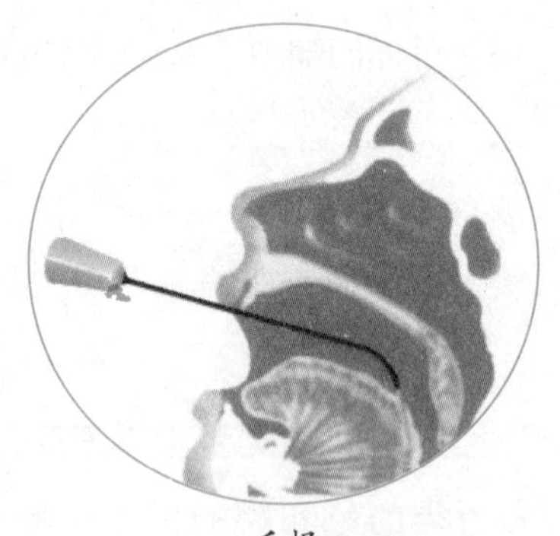
舌根

胞代谢比较旺盛，细胞分裂也比较快，它可以反映出人体代谢的变化情况。因此，国际医学界称赞：舌头是脏器的一面镜子。

有趣的是，一根舌头竟是由不同的部位发育而成的。所以，舌根和舌体这两者的神经来路也不一样。舌体主要由三叉神经支配，舌根主要由舌咽神经支配。

科学统计

婴儿有10000个味蕾，成人大约含9000个。味蕾数量随年龄的增大而减少，对呈味物质的敏感性也降低。

人的舌头上每1个小阜，都含有250棵味蕾，每个味蕾又由50 ~ 70个味觉细胞组成。味觉细胞大约10 ~ 14 天更换一次，味觉细胞表面有许多味觉感受分子，不同物质能与不同的味觉感受分子结合而呈现不同的味道。人的味觉从呈味物质刺激到感受到滋味仅需1.5 ~ 4.0秒，比视觉13 ~ 45秒，听觉1.27 ~ 21.5秒，触觉2.4 ~ 8.9秒都快得多。

16．呼吸道的工作过程

你们知道吗

爸爸妈妈，你们知道生物有着各自不同的呼吸系统或器官，每时每刻都在呼吸空气，只有这样才能维持正常的生命活动。

可你们知道生物是如何进行呼吸的，哪类生物呼吸系统最优越吗？

由来历史

呼吸道是气体进出肺的唯一通道，由鼻腔、咽喉、气管、支气管组成。鼻和咽喉为上呼吸道，气管和支气管为下呼吸道。

鼻腔是呼吸系统的门户，内有鼻毛。鼻毛可阻挡、过滤吸入气体里的灰尘、异物。鼻腔内还有一层粘膜，粘膜能分泌粘液，且鼻粘液内分布着丰富的毛细血管。可见，鼻腔不仅是通气道入口，还有加温、湿润、清洁作用。

气体通过鼻腔后经咽喉这个要道进入气管、支气管，最后到达肺泡。喉有软骨作支架使气体得以畅通。通常，我们所说的喉结就是喉软骨中的甲状

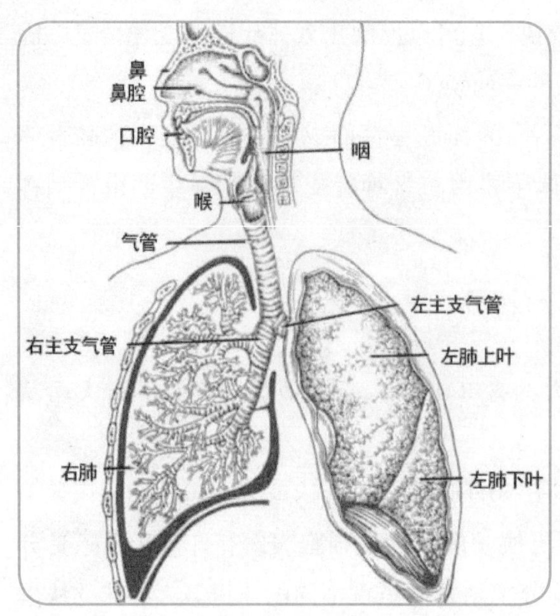

人体呼吸道示意图

软骨部分。

与喉环状软骨相连的是气管，在脖子前面正中间处，向下进入胸腔，之后分为左、右支气管。支气管经肺门进入左右肺。

呼吸道内的纤毛具有很有趣的本领。纤毛向咽部颤动，可以清除尘埃和异物，使空气保持整洁。

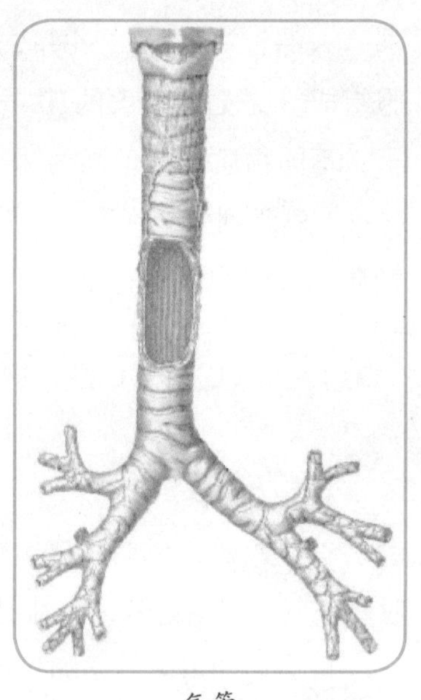
气管

呼吸道粘膜的纤毛经常进行规则而协同的摆动，向咽部方向摆动时坚挺有力而快速，向相反方向摆动时弯曲柔软而缓慢。这样一来，纤毛顶部的粘膜层连同粘着的异物颗粒，都朝着咽部推移，然后经口吐出或被咽下。

呼吸道的粘膜还有丰富的传入神经末梢，能感受到一些不良刺激，引起喷嚏和咳嗽等反射，以高速度的气流把异物排出去。

呼吸系统离不开许多呼吸肌的协同性活动，参与呼吸的肌肉主要有肋间肌和膈肌，能够使胸廓扩大或缩小。

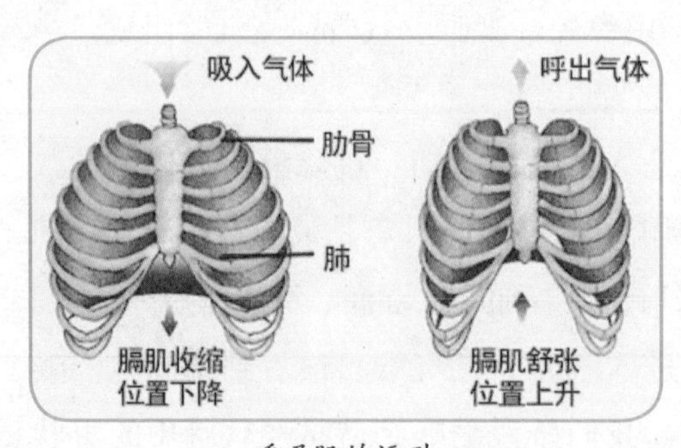

呼吸肌的运动

呼气时，肋间肌和膈肌收缩，胸廓体积增大，肺随之扩张，这时肺内气压就低于大气压，外界空气通过呼

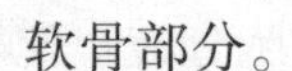

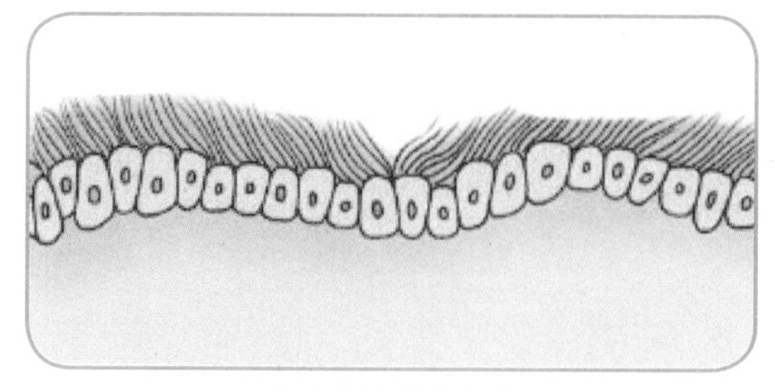

呼吸道粘膜的纤毛

吸道进入肺；呼气时，肋间肌和膈肌舒张，胸腔体积缩小，肺随之回缩，这时肺内气压就高于大气压，肺内气体通过呼吸道排出体外。

趣话故事

生活在地球上的动物，不论是在天上、地上，还是水里，都要以各种方式进行呼吸。在各种动物中，除了寄生性动物是厌氧呼吸外，其余种类都要吸入氧气，呼出代谢中产生的二氧化碳。

低等动物没有呼吸系统，原生动物、腔肠动物，以及扁形动物和线形动物中的非寄生种类都借助体表来进行呼吸。

腔肠动物借助体表呼吸

我们最熟悉的呼吸器官莫过于鳃和肺。鱼类是用鳃呼吸的。有些鱼类不仅能用鳃呼吸，而且还有辅助呼吸器官进行“气呼吸”。例如，鲇鱼、弹涂鱼等能进行皮肤呼吸，泥鳅等能进行肠呼吸，黄鳝等能进行口咽腔表皮呼吸，肺鱼等能进行鳔呼吸。

两栖动物、爬行动物、鸟类和哺乳动物都是用肺呼吸的。哺乳类的肺结构最复杂最完善，呼吸效率特别大；鸟类的呼吸系统发达，除了肺之外，九个膨大的气囊可使鸟类进行双重呼吸，也就是每呼吸一次肺内可发生两次气体交换。飞得越快，呼吸作用就越

鱼腮

弹涂鱼

肺鱼

强，氧的供应量也就越多。所以，鸟类在激烈的运动和高空飞行时不会因缺氧而窒息。

科学统计

一个成年人每天呼出、吸入的空气可吹胀一个体积等于20万立方米的气球。

呼吸道粘膜的每个上皮细胞约有200条纤毛，每次摆动可移动粘液层达16微米，若每秒纤毛摆动20次，则每分钟可使粘液层移动约19毫米。

正常成年人在安静状态下的呼吸频率为16～18次/分，每分通气量约6000～8000毫升。适应体力活动需要而加强呼吸时，每分通气量可达70升。

17．肺的故事

你们知道吗

爸爸妈妈，我们知道人体能够自如地吸进氧气与呼出二氧化碳，这可以说是肺的功劳。那么，你们知道肺的呼吸原理是什么吗？吸烟究竟是怎样危害肺的呢？

由来历史

空气随着胸廓的扩张和回缩，经呼吸道进出肺称为呼吸运动。肺的舒缩完全靠胸廓的运动。胸廓扩张时，将肺向外方牵引，空气入肺，称为吸气运动。胸廓回缩时，肺内空气被排出体外，称为呼气运动。

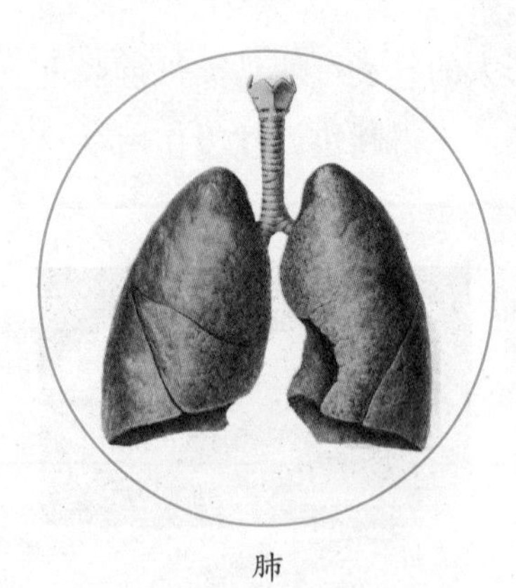
肺

肺的主要生理功能是呼吸，有华盖、娇脏的称呼。中医认为肺的呼吸均衡是气的生成和气机调畅的根本条件。如果肺丧失了呼吸功能，清气不能吸入，浊气不能排出，新陈代谢停止，人的生命活动也就终结了。

人体的左右两肺分居纵隔两侧的横膈以上。由于肝脏的影响，右肺位置较高，形状宽而短；左肺则因受偏向左侧的心脏影响，形状扁窄而较长。幼儿新鲜肺呈淡红色，随着年龄增长，吸入空气中的灰尘沉积于肺内，颜色逐步变为灰暗乃至蓝黑色，有的还会有许多蓝黑色斑点。

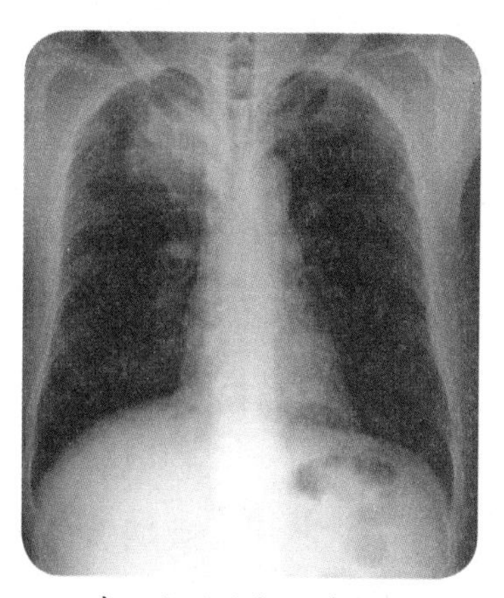
有斑点的肺部医学影像

肺表面有光滑、湿润有光泽的脏胸膜。肺内的小支气管、肺泡内含有大量空气，肺内含有大量富于弹性呈海绵状的弹性纤维，可浮于水中。

肺可分为实质和间质两部分，肺实质就是各级肺内细支气管直至肺泡管、肺泡囊；肺间质包括肺的血管、淋巴管和神经。

肺有机能性血管、营养性血管两套系统。机能性血管是循环于心和肺之间的肺动脉和肺静脉；营养型血管是支气管动、静脉，用于营养肺内支气管的壁、肺血管壁和脏胸膜。还有属于大循环的支气管动脉和支气管静脉，是肺的营养性血管。肺有丰富的淋巴管，分浅、深两组。

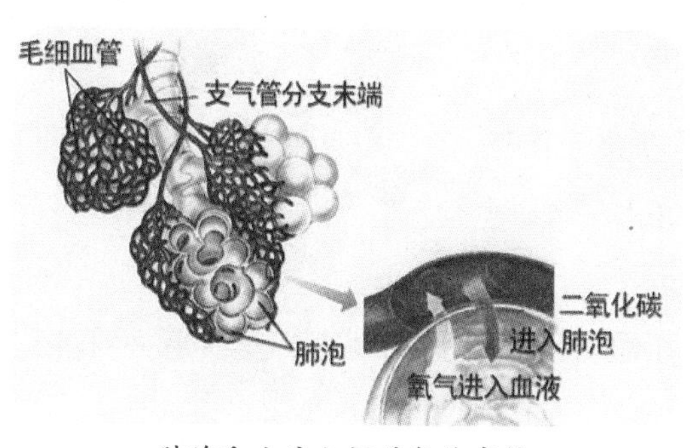

肺泡和血液之间的气体交换

肺泡是气体气管、支气管到达呼吸道的末端，也称作是肺组织的换气站。肺泡与毛细血管的血液之间有一道呼吸膜相隔。薄薄的呼吸膜只允许氧气和二氧化碳自由通过，而把其他物质排除在外。氧气经肺泡通过呼吸膜，进入毛细血管，直到动脉流遍全身。二氧化碳由静脉经毛细血管，通过呼吸膜到肺泡，又通过肺排出体外。

人体在如此反复呼吸下，就能源源不断地从外界获取氧气，排出二氧化碳。

肺内气体的容量随呼吸的深浅而不同。肺活量就成为肺通气容量的衡量指标。健康体检时，经常要测定肺活量。测试时，让受检者立

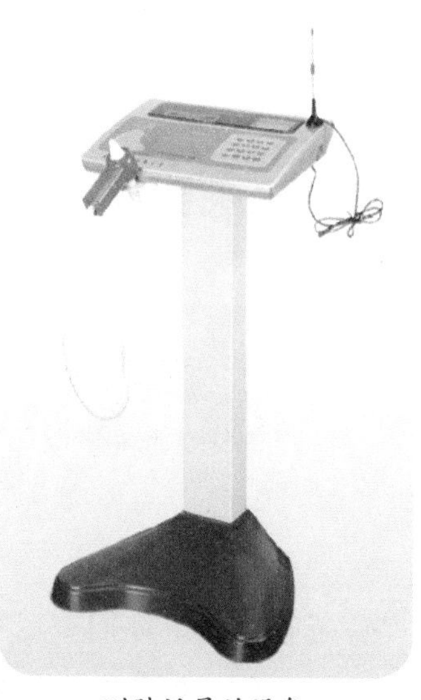
测肺活量的设备

位，先做最大深吸气后，再做最大的深呼气。正常人整个肺脏中的通气是不均匀的。

肺活量的大小受年龄、性别和健康状况的影响。一般男性大于女性，运动员较一般人大，青壮年大于老年人。

趣话故事

实验证实，烟中的尼古丁并不能直接破坏肺，“尼古丁破坏肺”是常识性错误。但是，吸烟确实能够伤害肺。在肺部的23～25级支气管中，分布着很多排列整齐的“毛刷子”，通过这些“毛刷子”进行一层一层的“净化”工作，使我们吸入空气中的有害物质排出肺部，从而使肺泡纯净。

吸烟有害健康

实验证明，烟能够使这些毛刷子停止工作！可以想象，如果每天毛刷子都停止工作一段时间，而人们每天又吸入了各种有害气体，包括城市空气、灰尘、废气等，那么，肺部在短时间就会受到伤害，发展下去可能恶化成肺癌。

科学统计

人体的右肺在体积和重量上都大于左肺，右肺与左肺重量之比，男性约为10：9，女性约为8：7。肺泡的总面积为100平方米，平静呼吸时仅约1/20的肺泡面积起通气或换气作用。人深吸气后一次所能呼出的最大气量即为肺活量。

一般来说，成年男性肺活量约为3500毫升，成年女性约为2500毫升。

18. 身体最忙碌的器官：心脏

你们知道吗

爸爸妈妈，你们一定知道心脏对生命来说非常重要。它一旦发生病变，停止了工作，血液就会停止流动，细胞的新陈代谢就不能维持，人就会迅速死亡。外形似桃子的心脏大小如拳头，是人体生存的关键环节。人每时每刻都离不开心脏的辛勤工作。

可你们知道从生命诞生时刻起，心脏是如何繁忙工作的吗？

由来历史

当一个受精卵在母体子宫内安家的时候，它已经具备了人所有的生命信息，但从外形上看还只是一个细胞，没有心脏、没有血管、没有脏器，是母血的滋养让这个受精卵开始了发育，开始了茁壮成长。

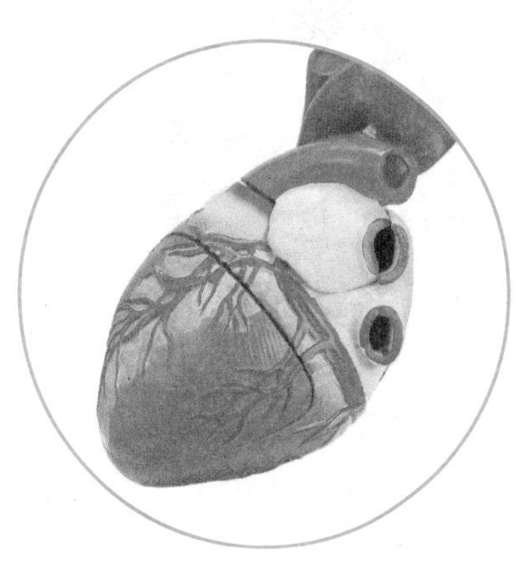

忙碌的心脏

胎儿的心脏是由最原始的血管搏动逐渐发育成具有心脏功能的脏器，母亲的血液通过脐带的血管，源源不断地流入胎儿体内，帮助胎儿建立起血液循环，所有的器官都逐渐发育成熟、完善，包括一套完整的血液循环系统。

出生后的婴儿脐带被剪断后，不再有母血的直接供给，血液来源由进嘴的食物代替。随着食物源源不断地进入身体、进入胃肠，经过消化吸收后生成的血液进入血管，在心脏泵的作用下，血液在全身血管内周而复始地循环着，给全身大大小小的脏器、细胞送去粮食。

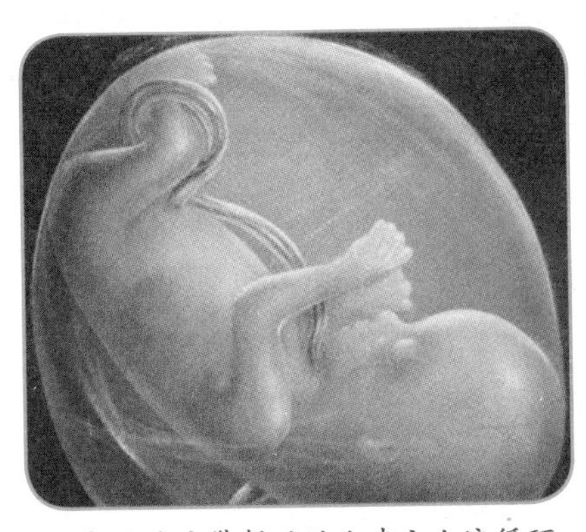

母亲通过脐带帮助胎儿建立血液循环

当婴儿降生时，心脏在全身起着主导作用，没有心脏的跳动，血液就不可能在血管里流动，生命就将停止。而心脏为什么能跳动起来？是血液滋养了心脏，心脏才具有了功能状态，才能推动着血液在血管内运行。也就是说，血液、心脏、血液循环是三个环环相扣组成的“环”，缺少一个生命就会消失。

心脏在人体内的自然位置，就如用右手写字时的位置相仿，手背相当于心底，手指尖端相当于心尖。

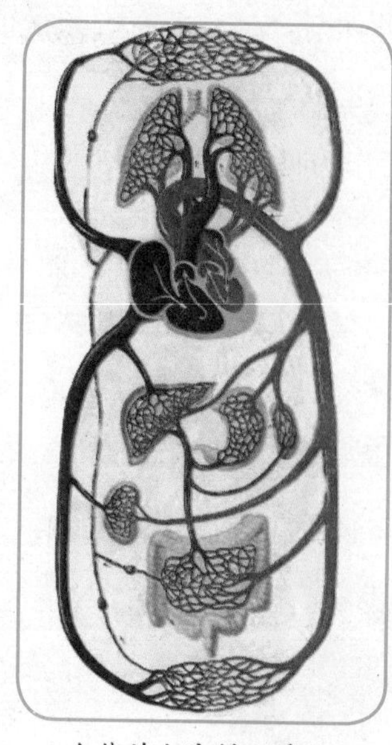
人体的血液循环系统

心脏的外观可分为心底和心尖，两面和两缘。心底朝向右后上方，与出入心脏的大血管相连，心尖朝向左前下方。心脏有一个环形的冠状沟，用来分隔心房和心室。心脏的前后面有间沟，是左、右心室的分界。

在心脏内部，有心房和心室，分别在左右两边。因此，心脏可分为四个腔，即上部的左、右心房，下部的左、右心室。通过左半心的是动脉血，通过右半心的是静脉血。

心脏里的血液流动的能量主要由心脏搏动产生。

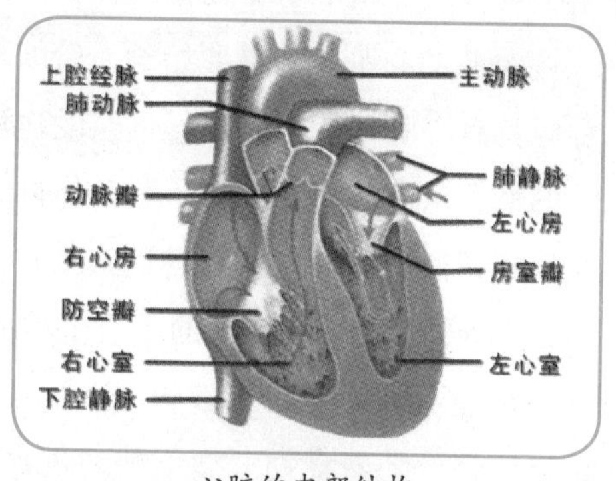

心脏的内部结构

心脏虽在昼夜不停地工作，但并不是不休息。在心脏的每一次跳动中，收缩是工作状态，舒张是休息状态。

趣话故事

你可能已经注意到了，在田径场上举行赛跑时，如果绕场地跑，一定是朝左转圈，决不会朝右转圈。这是为什么呢？

原来，这里面有三个生理原因。一个是人们的心脏位于胸腔的左侧，所以，在跑动时重心容易偏左。第二个原因是人在跳动时也多以左脚起跳，使重心偏向左脚。第三个原因是两脚的分工不同。左脚主要起支撑身体重心的作用，而右脚偏重于做各种动作。在奔跑的过程当中，由于重心偏左，所以，左脚就担负起了蹬地面以增加速度和掌握方向的任务，并由此形成了

赛跑场地的左转弯道

左转圈的倾向。1913年，当国际田径联盟成立之际，便把赛跑方向统一定为“以左手为内侧”，即左转圈为比赛规则，沿用至今。

科学统计

人们的心脏一缩一舒，按一定规律有节奏地跳动着，将心脏内的血液射到动脉中。正常成年人平静状态下，心脏每分钟跳动 75次。心脏每搏动 1 次大约射出70毫升血液到大动脉。如果进行强体力劳动或情绪激动时，心跳可加快到每分钟180 ~ 200次。

心脏每搏动一次约需0.8秒，其中收缩只占0.3秒，舒张占0.5秒。

当我们以中等速度跑步时，心脏泵向肌肉的血液足足增加10 ~ 20倍，心脏不得不驱使血液以每秒8米的速度循环流动，也就是说血液在1分钟内要流动480米，1小时要流动28.8千米，接近于汽车行驶的速度。可想而知，这个时候心脏所承担的劳动强度有多大，难怪有人把心脏称为人体最勤劳最辛苦的器官之一。

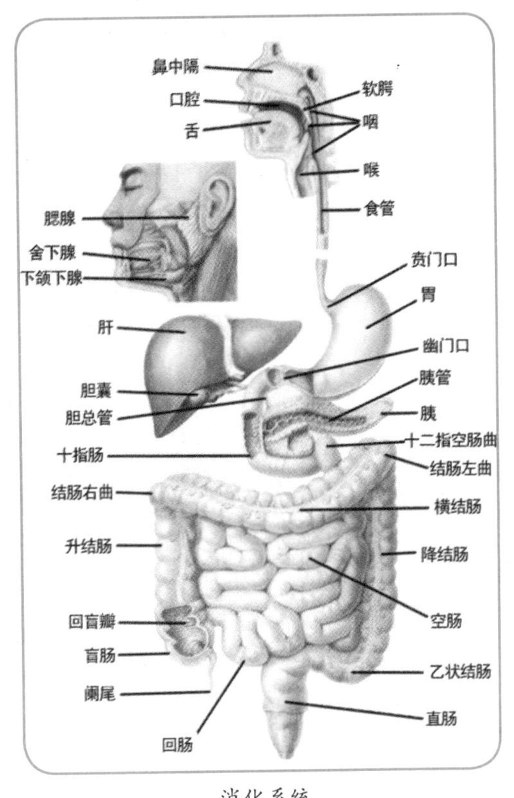

消化系统

19. 踏上消化之旅

你们知道吗

爸爸妈妈，我们每天都是一日三餐地补充养分，食物进入体内后开始了消化征程，以保证身体不断得到能量来源。

可你们知道消化系统是如何运转的吗？胃酸为什么没有腐蚀胃部自己本身？

由来历史

食物在消化管内被分解成结构简单、可被吸收的小分子物质的过程称为消化。小分子物质透过消化管粘膜上皮细胞进入血液和淋巴液的过程就是吸收。

食物中的营养物质除维生素、水和无机盐可以被直接吸收利用外，蛋白质、脂肪和糖类等物质均不能被机体直接吸收利用，需在消化管内被分解为结构简单的小分子物质，才能被吸收利用。

消化分为物理性消化和化学性消化。物理消化主要是指食物的磨碎、搅拌，并与消化液的混合过程。靠的是牙齿的咀嚼、舌头的搅拌和胃肠的蠕动。化学消化是将食物经过化学反应的变化，使之变成能被人体直接吸收利用的水溶性小分子，例如葡萄糖、氨基酸、脂肪酸等。

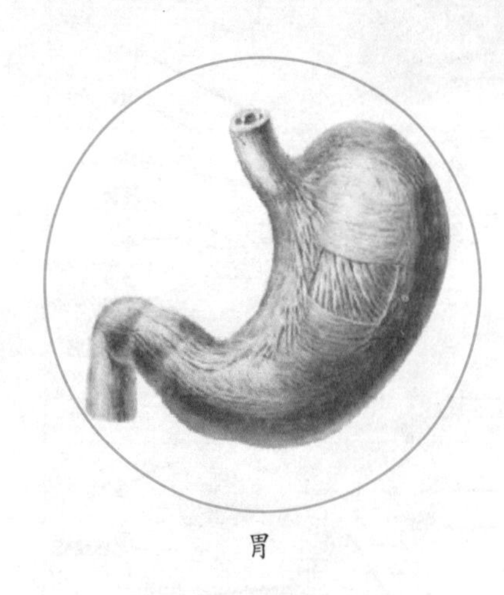
胃

消化系统由消化道和消化腺两大部分组成，主要作用是摄取、转运、消化食物和吸收营养、排泄废物，这就需要通过胃、肠道来完成。

消化道是一条起自口腔延续咽、食道、胃、小肠、大肠到肛门的管道，经过的器官有口腔、咽、食管、胃、小肠（十二指肠、空肠、回肠）及大肠（盲肠、结肠、直肠）等部分。

消化腺包括唾液腺、胃腺、肝脏、胰脏、肠腺。唾液腺分泌唾液，唾液淀粉酶将淀粉初步分解成麦芽糖。胃腺分泌胃液，将蛋白质初步分解成多肽。肝脏分泌的胆汁储存在胆囊中，对分解大分子脂肪进行“乳化”。胰脏分泌胰液，胰液是对糖类、脂肪、蛋白质都有消化作用的消化液。肠腺分泌肠液，

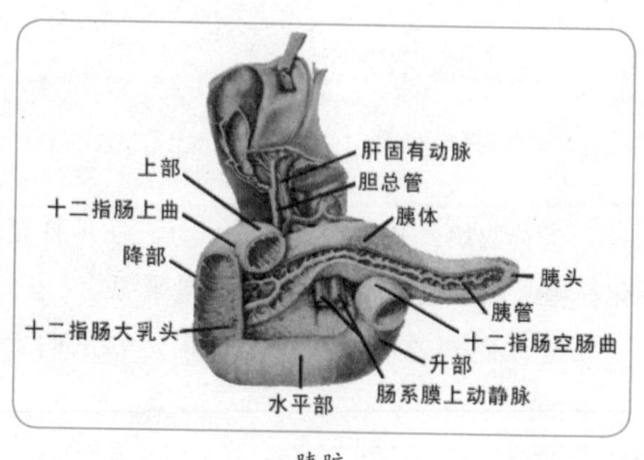

胰脏

将麦芽糖分解成葡萄糖，将多肽分解成氨基酸，将小分子的脂肪分解成甘油和脂肪酸，也对糖类、脂肪、蛋白质有消化作用。

食物在口腔经牙齿咀嚼后进入食道，流进胃部。胃像一个布袋，是消化道最膨大的部分，被称为食物的贮运场和加工厂。它不仅贮存食物，还对食物进行初步消化。

胃分泌的大量强酸性胃液，主要成分是能分解蛋白质的胃蛋白酶，能促进蛋白质消化的盐酸和具有保护胃粘膜不被自身消化的粘液。正常成人每天大约分泌胃液1.5～2.5升。

在胃的内表面有许多崎岖不平的粘膜，似丘陵山洼。当有食物充填时，粘膜可扩展，使食物与胃有更大的接触面积。像搅拌机一样，用搅拌的方法，将食物变成一种糊状的食糜，方便肠道吸收。

经过口腔粗加工后的食物进入胃，经过胃的蠕动粉碎、搅拌、液化和混合，最后使食物变成粥状的混合物，有利于肠道的消化和吸收。胃是不折不扣的“战斗英雄”。人的胃能使部分蛋白质水解为多肽，还能吸收部分的水、无机盐和酒精等。

经过胃初步消化的蛋白质进入小肠，在小肠蠕动及肠液、胰液及胆汁等消化液的共同作用下，将糖、蛋白质及脂肪完全消化。胆汁是由肝脏合成的，经过胆道排入小肠能促进脂肪类的消化。

胃部的酸液是一种高浓度腐蚀性强酸，可以把金属锌溶化掉。问题是：胃的消化能力这么强，为什么不会消化掉自身呢?

事实上，胃液在消化食物的同时，会造成细胞死亡，对胃壁带来一定的损害。但胃有很强的再生能力，能很快恢复如初。

胃壁覆盖着一层厚厚的上皮细胞，在与胃液直接接触时，使它不能渗入到胃的内壁。我们知道，由于胃粘膜具有特殊的保护作用，所以，可免遭或只受到轻度的酸液侵蚀。

近年的科学发现证明，胃粘膜上皮细胞能不断合成和释放内源性前列腺素，对胃肠道粘膜有明显的保护作用。

胃壁上皮细胞上还覆盖着薄薄的一层碳水化合物，可以进一步加强对胃的保护。在胃壁里层还覆盖了一层由脂肪物质组成的类脂体物质，对盐酸的氢离子和氯离子具有很强的阻碍作用。

趣话故事

通常只有汽车才会“喝汽油”，然而不可思议的是，加拿大女孩莎依平时竟然爱喝汽油。

据报道，加拿大的莎依从很小的时候就对汽油味产生了“好感”，小时经常趴在母亲汽车的排气管旁，闻嗅一些未完全燃烧的汽油气味。后来，莎依尝试喝汽油，就像一些人喜欢从酒精和饮食中寻找心理安慰一样。她觉得汽油的味道又酸又甜，又像是带有刺激性的调味料。她的家中有几个装满汽油的塑料汽油罐，以便随时都能喝到汽油。她每天都要至少喝12调羹左右的汽油。

莎依对母亲和家人、朋友劝她戒掉这一怪癖的哀求始终置若罔闻。

汽油对人体“有毒”，能够引起烧灼、呕吐、腹泻等严重不适感，有时甚至还会导致死亡。

科学统计

每分钟胃的表面能够产生约50万个新细胞。也就是说只需3天，就可以再生出一个新胃来。胃每天搅拌食物的时间超过10小时。

20．负责吸收的肠道

你们知道吗

爸爸妈妈，我们已经知道了食物消化的过程，有消化就要有吸收，这样食物才能最终转化为能量。

那么，人体是如何进行物质吸收的呢？吸收系统又是怎样分工的呢？

由来历史

吸收就是将食物消化后的可吸收部分，提取其精华，输送到血液的过程。经过分解后的营养物质被小肠吸收进入体内，进入血液和淋巴液。

小肠是主要的吸收场所，具有很大的吸收能力，能吸收葡萄糖、氨基酸、甘油、脂肪酸、无机盐、水、维生素等。大肠只吸收少量的水、无机盐和部分维生素等。

小肠为食物的消化吸收提供了充足的时间和空间。小肠的内壁有许多环形皱襞，皱襞上还有许多指状突起，叫小肠绒毛。在电子显微镜下又可见到小肠绒毛的柱状上皮细胞朝向肠腔一面的细胞膜上长有一千多条微绒毛。小肠绒毛内还有丰富的毛细血管和毛细淋巴管。

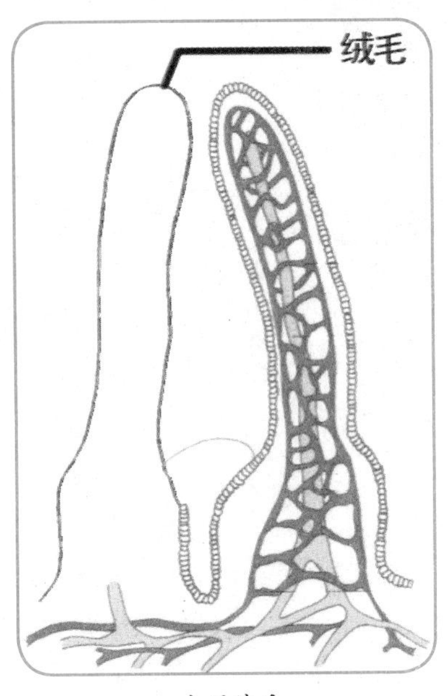

小肠绒毛

消化后的食物经幽门括约肌进入十二指肠。食物如果已经充满，那么十二指肠会向胃部发出停止排空的信号。进入十二指肠的胰酶和胆汁，在帮助食物消化和吸收中起着重要作用。十二指肠最开始的10厘米左右表面光滑，其余部分都有皱褶、小突起（绒毛）和更小的突起（微绒毛），这就增加了十二指肠表面面积，有利于营养物质的吸收。

十二指肠以下的小肠分为空肠和回肠两部分，空肠主要负责脂肪和其他营养物质的吸收。

人体所需的蛋白质、糖类、脂肪三大营养素是通过不同途径被吸收的。

蛋白质在胃中受酶的作用分解成多肽，进入肠后变成氨基酸这种蛋白质的最基本构成成分，被小肠黏膜吸收，经过小肠绒毛内的毛细血管进入血液循环。

糖类经过消化分解为单糖(葡萄糖、果糖和半乳糖)以后，由小肠黏膜吸收入小肠绒毛内的毛细血管，再通过门静脉入肝，一部分合成肝糖元贮存起来，另一部分由肝静脉入体循环，供全身组织利用。

脂肪是能量的供应者，又是制成细胞外膜的主要原料。各种脂肪的基本构成是脂肪酸和甘油。胰液和胆汁分解脂肪后由小肠壁吸收。

蛋白质、糖类、脂肪被吸收到体内后都发生了变化。比如，氨基酸被直接用来合成血浆蛋白和血红蛋白等各种组织蛋白质；单糖吸收到血液后转变为葡萄糖，经氧化分解生成二氧化碳和水，并释放能量供生命活动的需要。或者被各种组织合成为糖元，作为能量在肝脏中暂时贮备，在肌肉中供给肌肉活动。

趣话故事

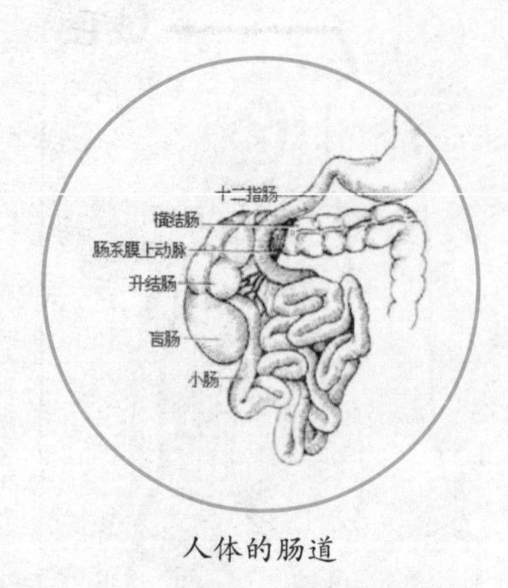

人体的肠道

小肠内壁集中分布的转运蛋白和酶负责将营养物质从小肠运入细胞，而人们一直没能找到决定转运蛋白在小肠内壁分布状况的物质。2007年，研究人员找到一种具有独特功能的蛋白质，它决定转运蛋白在小肠内壁的分布状况，进而影响细胞从小肠获取营养。

在研究中，科研人员发现实验鼠如果缺失一种称为“拉布8”的特定蛋白质，转运蛋白和酶就会停留在细胞内部，不能正常发挥作用，导致细胞几乎无法获取糖分和氨基酸，实验鼠就患上营养失调症，并在出生3～4周后死亡。

研究人员认为，如果能对这种蛋白质的机能实现人工调控，将会帮助治疗营养失调症及肥胖症。

科学统计

成人的小肠约5～6米，是消化道中最长的部分。人的小肠腔内的总吸收面积可达200平方米，接近一个篮球场的大小。

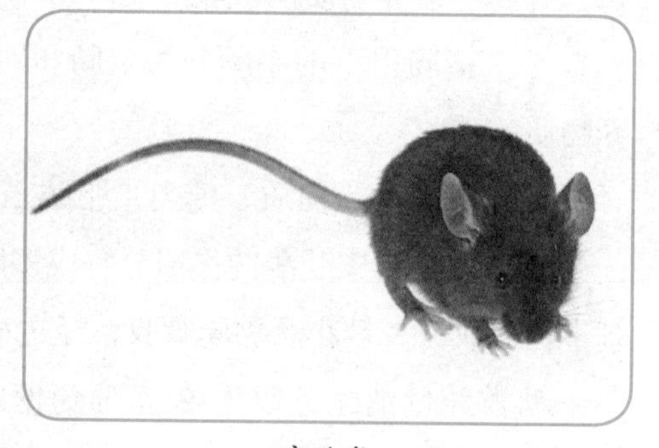
实验鼠

21. 废物离开身体的过程

你们知道吗

爸爸妈妈，我们人体吃过食物后，所需要的物质和能量经过消化和吸收后，那些没有被吸收的残渣部分就要排出体外。

你们知道排泄过程中各系统是如何协调配合的吗？

由来历史

人体的正常新陈代谢过程必然会产生代谢废物，这些废物将通过局部组织进入膀胱排出体外。排泄对人体最重要的意义在于将体内的代谢废物排出人体。直肠是粪便排出前的暂存部位；大肠主要浓缩食物残渣，形成粪便，再通过直肠经肛门排出体外。

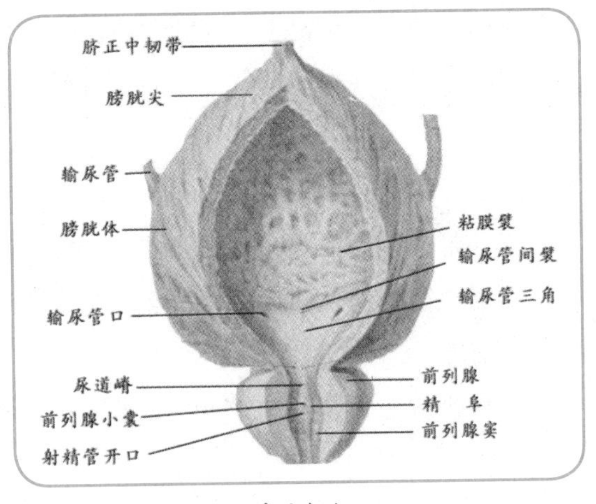

膀胱组织

排便反射包括不随意的低级反射和随意的高级反射活动。当粪便充满直肠刺激肠壁感受器，发出冲动传入腰骶部脊髓内的低级排便中枢，同时上传到大脑皮层而产生便意。假如时机合适，大脑皮层即发出冲动使排便中枢兴奋增强，产生排便反射，使乙状结肠和直肠收缩，肛门括约肌舒张，同时还需先深吸气，增加胸腔、腹内压力，促进粪便排出体外。时机不合适，那么腹下神经和阴部神经传出冲动，随意收缩肛管外括约肌，制止粪便排出。

婴儿在断奶期以前，以母乳为食物，可以保持肠道非常干净，肠道运动很活跃，排出的大便很干净，没有臭味。随着断奶后的食量逐渐增加，开始进食后，吸收大量的高脂肪、高蛋白的食物，损坏了肠道环境，腐败物质逐渐产生，宿便也逐渐形成，大便也变得和大人的一样臭。

趣话故事

屁的原材料是与我们唾液或食物一起咽下去的空气，其中有一部分以打嗝的方式从胃排出，剩下的空气则进入肠部，成为屁的主要来源。

空气的主要成分是氮和氧，空气中的氧在肠道被吸收，剩下的氮则成为屁的主要成分之一。

氮没有任何味道，更不会发出恶臭。屁会发出臭味的原因含有氨、硫化氢、臭便素、挥发性胺、挥发性脂肪酸等有毒害气体，毫无疑问，它们是被身体吸收了。

屁中所含的成分的比率因人而异，比方说，氮含量少的只占23%，含量多的则占80%。放屁时，不只放出吞入体内的空气，也包括肠内细菌所制造的气味。

忍住屁不放，气体就会存积在肠管内。但是，此气体可以和来到肠黏膜的血液中的气体互换。所以，肠管内的气体浓度高时，气体就回流入血液，被血液运至肺部，与呼出去的气一起排出体外。

科学统计

粪便形成后，结肠蠕动每日2～3次，以每分钟1～2厘米的速度向前推进到乙状结肠贮留。但在进食后由胃结肠反射等引起的结肠蠕动，以每小时10厘米的速度推进。

粪便进入直肠内蓄积约300克左右就会对肠壁产生一定压力，这时则引起排便反射。

22. 汗水和尿液竟是兄弟

你们知道吗

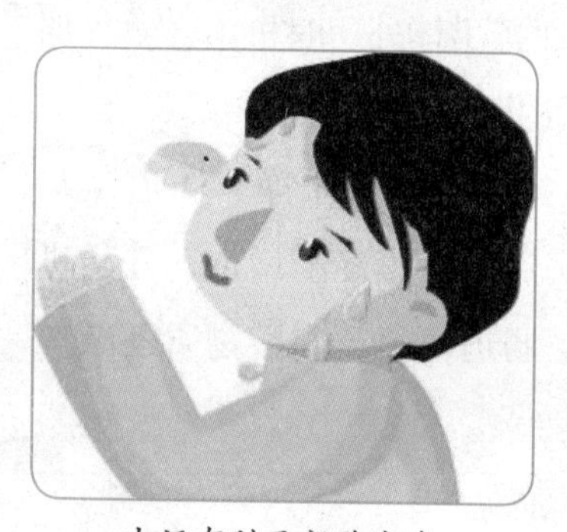

出汗有利于新陈代谢

爸爸妈妈，我们在夏天时会流很多汗，每天也要进卫生间排尿很多次，这是人体的两种排毒方式。汗液和尿液都属于人体的一种排泄物。

可你们知道汗液和尿液都是怎么产生的吗？

由来历史

人体的排泄方式大致有两种，即排尿和排汗。经过化验，尿液和汗液的主要成分几乎一致。

人体不同部位的皮肤几乎每时每刻都在出汗，环境气温高或体内产生热量引起的知觉性发汗，还有因神经紧张导致的精神性出汗。

出汗有利于调节体内的温度，散发热量，还能带走无机盐、尿素和乳酸等体内垃圾，有利于人体新陈代谢，有利于免疫系统健康。

汗液可以称得上是我们身体的“空调”。

我们体内的代谢产物分为无机和有机两类，构成汗液成分。无机成分包括氯化钠、碳酸钙等盐类，呈酸性、碱性，酸碱成分过多堆积会直接腐蚀皮肤、破坏皮肤的组织细胞，导致皮肤老化。同时，皮肤表层的大量细菌、寄生虫等会分解汗液中的有机成分，产生各种有毒物质，释放出有异味的气体，导致“汗味”严重，甚至引起汗疹、毛囊炎、湿疹、疖子、痱子等皮肤疾病。

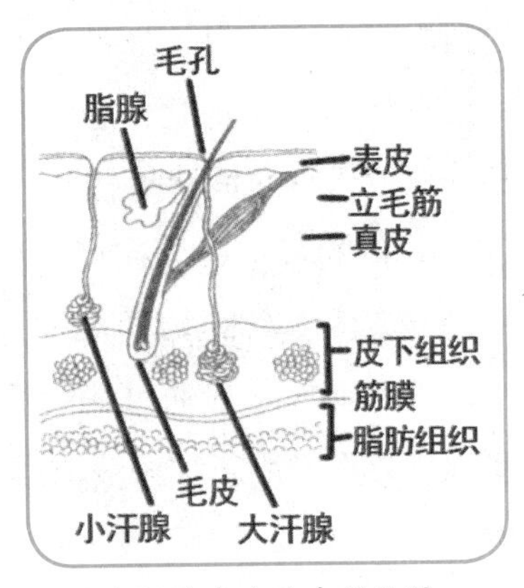

小汗腺在皮肤中的位置

一般情况下，分泌正常的汗液和皮脂会在皮肤表面混合形成皮脂膜。出汗过多，汗液就会冲掉皮脂。正常的弱酸性皮肤会变为碱性，减弱对细菌的抵抗力，杀菌力也下降，让人产生皮肤病。因此，汗液也会减少皮肤的抵抗力。

汗液是由汗腺分泌出的液体。汗腺是皮肤的附属器，遍布全身皮肤，具有分泌汗液、排泄废物、调节体温的作用。汗腺分为大汗腺和小汗腺两种。

大汗腺主要分布在腋窝、脐窝、肛门四周及生殖器等处。它新鲜分泌的汗液是白色粘稠无臭的液体，经过细菌分解后则产生特殊的臭味，称为腋臭或孤臭。

肾小球结构

小汗腺除唇红部，包皮内侧、龟头部外及阴蒂，全身都有分布，以掌心、额部、背部、腋窝等处最多。

尿液是一种无色或黄色液体，含有尿酸、尿素、一部分无机盐和水分等，是通过肾小球的过滤作用和肾小管的重吸收作用后形成。

尿液的形成主要经过肾小球滤过，肾小管和集合管重吸收，肾小管和集合管分泌、排泄三个连续过程。

当血液流经肾小球时，血液中除血细胞和大分子蛋白质外，其他成分如水、无机盐类、葡萄糖、尿素、尿酸等物质，都可以由肾小球过滤到肾小囊腔内，形成原尿。原尿流经肾小管时，其中对人体有用的物质，如大部分水、全部葡萄糖、部分无机盐等，被肾小管重新吸收回血液后由肾小管流出。

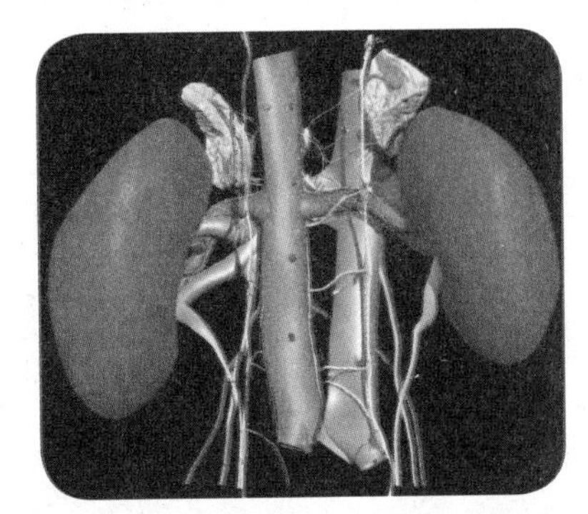
肾脏

尿液汇集到肾盂，经输尿管输送到膀胱，

暂时贮存在膀胱里。尿液的形成是连续不断的，排出是间歇的。当胱膀里的尿液贮存达到一定量时，膀胱壁受压，产生尿意。排尿时，膀胱肌肉收缩，尿道括约肌放松，尿液就从膀胱中流出，经过尿道排出体外。

人体的肾脏每昼夜可过滤原尿150升左右，其中的99%被肾小管重吸收，所以，人体一个昼夜排尿约1.5升。

在民间，一般通过尿液散发的不同味道判断身体健康状况，还有遇到野外受到皮外伤时用新鲜尿液消毒的偏方。

趣话故事

关于汗液的疾病中，让人有口难言的就是狐臭了。关于这个名称还有一个故事呢！

有一个非常漂亮的狐狸精，经过百年修炼，她来到人间，只为找到一个可以渡过一生的男人。功夫不负有心人，她果真寻到了心爱的人，两人非常恩爱。一天，她的丈夫在林中打猎迷了路，走不回来，就在一个村落里住下，并娶了一个漂亮的女人。原来的妻子在家里焦急万分地等待，并忍痛生下孩子，她以自己的美貌为条件向上天祈求，换得丈夫回来。于是，她又变回狐狸原貌，身上散发着非常难闻的味道。他的丈夫在遥远村落里闻到了这种味道，终于找了回来，看到一只小狐狸，眼睛红肿，蜷缩在角落里。他知道这是自己死去的妻子变成的，万分悔恨。此后，他再也没有离开过家里，他的孩子因为在这种味道中时间长了，身上也永远有了这种味道，这就是狐臭的来历。

科学统计

汗腺排出的汗量不定。在休息时，汗量少到几乎无法察觉；但在某些特殊的情况下，每小时的排汗量可达1～2升。人体皮肤中约有200万～300万条汗腺，每平方米包含625个汗腺。在脚掌及手掌的皮肤中，汗腺的数目较多，一平方厘米约400条。

23. 让我维持生命的能量

你们知道吗

爸爸妈妈，我们每天无论是处在活动还是睡眠中，身体器官都处在一定的运转状态，维持生命活动的就是能量。

那么，你们知道人体每天到底需要多少能量？能量是怎么产生的吗？

由来历史

人类为了维持生命与健康，保证生长发育和劳动，每天必须摄入一定数量的食物。这些食物中含有人体所需要的各种营养素，比如水、蛋白质、脂肪、矿物质、碳水化合物和膳食纤维等，为人体提供所需要的能量。机体在维持生命、生长发育时都需要能量。不仅劳动时需要能量，安静状态下也需要能量。例如，心脏跳动、血液循环、呼吸等。

含有人体所需营养物质的食物

能量的需要和人体不同的生理状况、生长时期、劳动强度、周围环境等因素有关。一个正常的成年人，摄入能量应该与所消耗能量基本相等。如果长期摄入的能量超过消耗的能量，能量在机体内就要储存并使身体肥胖。反之，如摄入能量过低，会造成机体消瘦。

食物燃烧时产生热量，并且在体内经过燃烧产生能量的同时也生成了二氧化碳和水，所不同的是在体内的燃烧不产生蜡烛燃烧时产生的火焰，我们称这种燃烧为生物氧化，生物氧化后会产生热量。各种营养素都有自己独特的生理功能，在人体内按照不同的途径进行代谢，互相制约，相互协同，使人体的各种代谢反应处于动态的平衡中。

能量的单位过去用千卡表示，现在国际上多用焦耳表示。那么，1千卡的能量有多少呢？实际上1千卡的热量并没有多少，在实际生活中，1两粮食(半小碗米饭)即可产生180千卡的热量，可见很少一点米饭即可产生1千卡的热量。

每克蛋白质、碳水化合物都产热4千卡(16.7千焦耳)，每克脂肪产热9千卡(37.7千焦耳)。

蛋白质是生命的物质基础，是所有机体组织、酶、激素等的重要组成成分。

蛋白质是生长发育、修复身体损伤、抵抗疾病所必需的物质，也给机体提供一部分能源，1克蛋白质提供4千卡（16.7千焦）能量。通常情况下，蛋白质所产生的热量约占总热量的12%～15%。

米饭是热量较高的主食

食物中蛋白质最丰富的来源主要是肉类、蛋类、禽类、鱼类、奶制品、豆制品和硬果类。它们所含有的氨基酸比例与人体本身蛋白质相似，故称为优质蛋白质；此外，粮食、蔬菜、水果中也含有一定数量的蛋白质，但多为非必需氨基酸，蛋白质质量与优质蛋白质相比较差，称为非优质蛋白质。

脂肪是人体的重要组成成分，是机体能量贮存的主要形式。如果长期摄入超过机体所消耗的能量时，这部分能量就转变成脂肪在体内贮存起来，人就要发胖。1克脂肪提供9千卡（37.6千焦）的能量。

脂肪常见于肉、禽、鱼、奶制品、油脂、动物油、奶、蛋，以及硬果类食物如花生、瓜子、核桃中。

粮食含有的蛋白质为非优质蛋白质

碳水化合物（糖类）是人体组织特别是大脑活动的最主要的能量来源，是人体组织和器官的重要组成部分。每克碳水化合物产生4千卡的热能，建议患者每日摄取的碳水化合物占每日总热能的50%～60%。

食物中的糖类分为单糖（葡萄糖和果糖）、双糖（蔗糖）和多糖（淀粉）。主要包含在面包、燕麦、大米、谷物、蔬菜、豆类、水果、蜂蜜、糖果、糕点、甜饮料、果酱、冷饮、食用糖等食品中。

奶制品含有较多脂肪

维生素完成机体正常生理功能的必要成分，协助机体将脂肪、蛋白质、碳水化合物转化为能量。

维生素可分为水溶性、脂溶性两种类型。包括谷类、奶制品、肉类、水果、蔬菜、油脂、奶制品、肉类、全谷制品、硬果类食品。

矿物质是骨骼、牙、体液和血液的重要组成

脂肪也是蛋的主要成分

成分，是维持心脏、肌肉、神经系统正常功能和体液平衡的重要部分。

矿物质广泛存在于肉类、鱼类、奶制品、水果、蔬菜及谷类制品中。

水是生命之源，对人体的任何一项生理机能都是必要的：水参与物质代谢过程，有助于物质的消化、吸收、生物氧化及排泄；调节体温，保持人体的正常温度；是器官、关节及肌肉的润滑剂；保持腺体分泌，充实体液。人体每天通过尿、汗、粪便和肺脏大约排出1～3升水，如果不加以补充就无法生存。

糕点

燕麦

人体内大约2/3都是水，主要储存在细胞内液和细胞外液。比如，肌肉重量的65%～75%是水，脂肪重量的25%是水。

人对水的需要量与人的体重、热能消耗成正比，消耗每卡热能需要1毫升

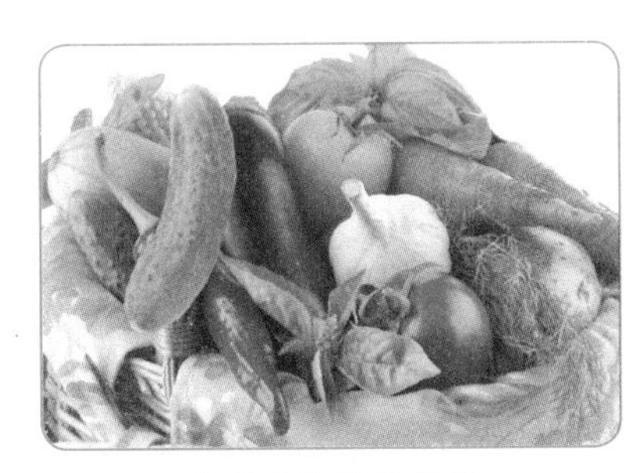

含有矿物质的蔬菜

种类繁多的水果

的水分，每千克体重需要30～40毫升的水分，如果70千克的人需要2100～2800毫升水。一个健康的成年人每天约需2000～2700毫升水。喝水是人体所需水分的直接来源，如喝白开水或茶水。但人体内氧化时也能产生水，而且人体需要的水还可从饮食中取得，如大米含水15%、肉类含水50%等。如果人体水分过少，会使血液浓缩、粘稠度增高，不利于血液循环及营养的吸收，人体如果丧失20%的水分就会有生命危险。

膳食纤维有利于保持消化道通畅，维持排便功能的正常，可治疗便秘。膳食纤维本身是一种不产生热能的多糖，由于它的功能的重要性，尤其是对糖尿病治疗的作用，将之独列为一类营养素。

趣话故事

2003年，美国著名魔术师大卫·布莱恩创下了绝食44天的纪录。布莱恩将自己关进一个透明玻璃箱子内，悬挂在伦敦泰晤士河畔离地12米高处，只靠喝水维持生命。

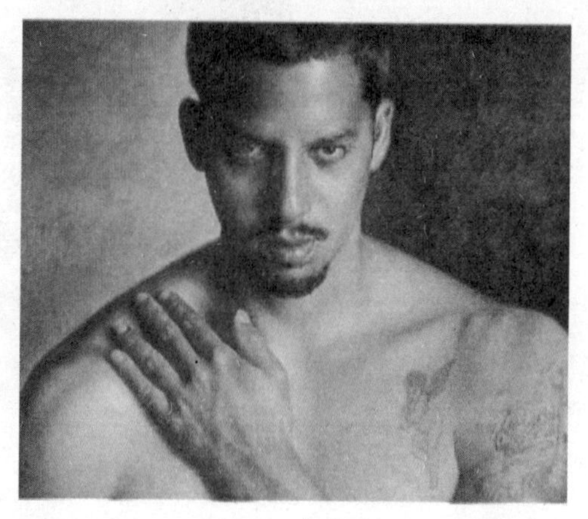

大卫·布莱恩

为了有足够的脂肪维持生命，布莱恩入箱前曾增加体重。在玻璃箱子里绝食28天之后，由于不堪饥饿的折磨，他的精神几乎失常，鼻子开始流血。但布莱恩最终还是挺了过来，表演结束离开箱子时他戴上了氧气罩，直接被送往医院进行体检和健康恢复。因胃部暂时不能消化固体食物，布莱恩不能马上食用喜爱的食物，两周之后只能吃加入蛋白质、维生素和矿物质的糊状食物，经过半年才完全恢复体力。

科学统计

健康的成年人每天要消耗2000～3000千卡热量。在活动量增加或生长发育期需要消耗更多的热量，如果不及时补足营养，会影响肌体对疾病的抵抗能力和生长发育。食物可以给人体提供大量的热量。每1克蛋白质产生热量4000卡；每1克脂肪产生热量9000卡；每1克糖产生热量4000卡。